多源遥感反演地表土壤水分的方法研究

Study on the Methods of Retrieving Surface Soil Moisture by Multi-source Remotely Sensed Imagery

余凡　张承明　陈晶　　著

测绘出版社

·北京·

内容简介

本书将遥感类专业的基础理论和实践方法融为一体,着重介绍了不同遥感数据源在地表土壤水分反演中的应用。全书共分为9章,包括“研究背景”“可见光遥感土壤水分反演算法研究”“热红外遥感土壤水分反演算法研究”“SAR遥感土壤水分反演算法研究”“多源遥感协同反演地表土壤水分方法研究”“模型验证”等。本书对所有的遥感手段进行梳理,并分析他们不同的反演算法。

本书可作为遥感领域的研究生教材,或者相关教师、研究学者的参考书。

图书在版编目(CIP)数据

多源遥感反演地表土壤水分的方法研究 / 余凡,张承明,陈晶著. — 北京 :测绘出版社,2020.8

ISBN 978-7-5030-4267-6

Ⅰ. ①多… Ⅱ. ①余… ②张… ③陈… Ⅲ. ①土壤水—红外遥感—反演算法 Ⅳ. ①S152.7

中国版本图书馆CIP数据核字(2019)第209615号

责任编辑	侯杨杨	封面设计	李　伟	责任印制	吴　芸

出版发行	测绘出版社	电　　话	010—68580735(发行部)
地　　址	北京市西城区三里河路50号		010—68531363(编辑部)
邮政编码	100045	网　　址	www.chinasmp.com
电子信箱	smp@sinomaps.com	经　　销	新华书店
成品规格	169mm×239mm	印　　刷	北京建筑工业印刷厂
印　　张	9.25	字　　数	184千字
版　　次	2020年8月第1版	印　　次	2020年8月第1次印刷
印　　数	001—600	定　　价	56.00元

书　　号　ISBN 978-7-5030-4267-6

本书如有印装质量问题,请与我社发行部联系调换。

前 言

水是地球上最重要的资源，是人类生命存活的基本元素。全球水资源约有97.5％是海水，1.72％以冰川的形式存在，另外0.75％为地下水，而存储在土壤空隙中的水分仅占0.001％。尽管土壤水分在全球水资源中所占的比例很小，但是它是决定陆地与大气能量交换的关键因子，是全球水循环的重要组成部分，直接控制地表与大气之间的水、热量的输送和平衡。土壤水分也一直是水文、气象、农业、生态、气候变化等研究的关键参数。它在地球科学研究中具有重要意义。

土壤水分是主导农作物长势及产量的一个重要因素，也是干旱监测的一个重要指标。土壤供水不足会导致植被正常生长发育受阻，影响作物长势和产量，甚至作物由于干旱而绝收。从全球范围看，旱灾已经成为影响面最广、造成经济损失最大，被认为是世界上最严重的自然灾害类型，也成为制约我国农业生产和经济发展的主要因素。土壤干旱缺水也将引起土壤沙化、盐渍化、植被退化、水土流失等生态环境恶化现象。因此，探讨一套客观、动态、实时的土壤水分监测与反演方法，具有重要的科学意义和现实意义。

传统土壤水分监测方法很难在大范围、高效率和实时进行常规测量。而遥感技术由于其自身特点及潜力，已在地表土壤水分研究中蓬勃开展。目前，遥感技术已经进入一个能动态、快速、高效地提供多源对地观测数据的新阶段。多源遥感数据的协同观测能一定程度上克服各种单一遥感手段获取的图像数据在几何、光谱、时间和空间分辨率的局限性，对观测目标有一个更加全面、清晰、准确的理解与认识。因此，基于此考虑，本文主要对多源遥感反演土壤水分的方法和案例进行了介绍。

本书共分为9章。第1章是绪论，介绍了土壤水分研究的目的、意义及国内外在土壤水分遥感方面的主要进展；第2章主要对监测数据源和主要传感器进行了介绍，包括一些简单的遥感数据处理方法；第3章对现有的光学和SAR数据反演土壤水分的方法进行了介绍；第4章介绍了一种基于TU-WIEN的地表土壤水分反演算法；第5章对TU-WIEN进行了改进，并介绍了一种基于SSM和TU-WIEN的地表土壤水分反演算法；第6章介绍了基于信号叠加理论的土壤湿度插值算法；第7章主要提出一种基于改进BP神经网络的土壤湿度时间序列数据的预测方法；第8章介绍了两种在植被覆盖地表的情况下，土壤水分的反演模型；第9章主要探讨了多源遥感数据与水文过程模型的土壤水分同化算法。本文第1、2、3、9章主要由余凡撰写，第4、5章由陈晶撰写，第6、7、8章由张承明、郝霞和吴茜共同撰写。全书由余凡进行汇总、校对。

本书是笔者十余年来在多源遥感与雷达协同反演地表土壤水分领域的研究工作的阶段总结，主要成果先后在国内外的期刊上发表，也在部分国家项目中得到了应用，本书的完成得到国家自然科学基金项目“全极化雷达反演地表土壤水分方法研究（41471299）”“光学与 SAR 遥感协同反演地表土壤水分的方法研究（41101321）”、国家自然资源部项目“土地生态因子遥感监测与信息提取”、中国气象局兰州干旱气象研究所项目“光学与雷达遥感协同反演地表土壤水分的方法研究”等项目的资助，在此表示衷心的感谢。

感谢中国科学院大学的赵英时教授和宋小宁教授、国家测绘产品质量检测中心的张继贤研究员、广州地理研究所的周霞研究员等，在本书的完成过程中给予的诚恳建议和帮助。

由于笔者水平有限，书中错漏不足之处敬请广大读者批评指正。

目　录

第1章 绪论

1.1 概述

水资源是地球上分布最广泛的自然资源之一，在自然环境和人类生活中发挥着重要作用。大约97.5%的地球水存在于海洋中，余下约2.5%的地球水以淡水的形式存在，这些淡水分布在大气、河流、湖泊、湿地、土壤和动植物等中。地球上水资源的分布如表1.1所示。

表1.1 地球水资源的分布

存在形式	含量/%	存在形式	含量/%
海水	97.5	土壤水	0.001 22
冰川	1.717 5	大气	0.000 95
地下水	0.752 5	湿地	0.000 85
冻土	0.02	河流	0.000 16
淡水湖	0.006 74	动植物	0.000 08

从表1.1中可以看到土壤水在全球水资源中所占的比例其实很小，然而土壤水却是影响全球能量和水平衡的关键参量，是全球气候系统中重要的边界条件(Koike et al,1999)。土壤水控制着陆地表面和大气之间的水和热量转换，与雪盖层一起构成了陆地气候系统中最重要的气象遗存(Delworth et al,1988)，在气候变化中是仅次于海洋温度的重要参量。在水循环系统中，如果土壤含水量较高，降雨会更迅速地转化为地表径流；反之，如果土壤含水量较低，降雨会更多地渗透到下层(Bartalis,2009)。同时，土壤含水量还影响着排水条件、植物的吸水率、地质稳定性和近地表气候(Naeimi et al,2009)。因此获取土壤含水量状态及其空间分布与时间变化成为气象、气候、水文、农学等众多学科和应用急需的信息，具体如气象、早期干旱预警、防洪、灌溉计划、水土流失、滑坡、作物估产、蓄水管理和水质研判等。

传统的土壤水分测量方式是通过地面气象站点实地采样获取土壤含水量信息。最经典的方法是重量法，该方法是将土壤样本烘干以获得样本土壤中的含水量与干土的体积或重量比，该方法的实验室测量结果达到了很高精度(Hillel,1998)。另外，时域反射计(time domain reflectometry,TDR)技术是一种非破坏性的间接测量技术，它利用土壤的介电常数与含水量的密切相关性，通过测定土壤的介电常数而确定土壤含水量。传统的实地测量土壤水分的方法精确且可涵盖整个根区，但是人力和物力消耗巨大，因而无法进行大范围、长时间、实时动态的连续观测。而且，传统的测量技术获取的数据本质上来说只是一个“点”测量值，但土壤含水量是一个在时间上和空间上受诸多因素影响而剧烈变化的物理量，在大尺度上被降水和蒸发等大气因子左右，在小尺度上由土壤、地势、植被、根系构造等微观元素决定(Western et al,1998;Entin et al,2000)。从逻辑上严格来说，用“点”测量值来估计流域的均值存在很大不确定性。

因此，探索一种大范围、高效率、全过程、具备区域代表性的土壤水分监测方法有着广泛而迫切的现实需求。

1.2 多源遥感反演地表土壤水分进展

随着最早的地球资源和地形探测卫星(earth resources topographic satellite A, ERTS-A)1972 年的升空而开启的遥感时代，为我们解决了传统土壤水分测量面临的问题并带来了新的曙光(Wagner et al,2003)。不同于传统的基于站点的土壤水分观测方法，遥感直接通过摄影获取大范围地表的图像，并提取地表土壤水分的信息，直接对整个面上的数据进行处理，极大地提升了效率，使得对全球大范围、高效率的土壤水分量测成为可能。因此，遥感被认为是目前最具潜力的、大尺度、长时间序列获取土壤水分信息的途径(Engman et al,1995)。

自 20 世纪 70 年代起，科学家们就不断地利用搭载在卫星、飞机等遥感平台上的各类不同的可见光、红外和微波传感器进行地表土壤水分反演的尝试。可见光和热红外的方法主要是通过观测地表颜色、温度和植被等地表状态来反演土壤水分(Verstraeten et al,2006)；而微波方法主要利用微波的低频谱段(1～10 GHz)，其原理是基于土壤含水量和土壤介电常数的密切关系(Ulaby et al,1982)。

光学传感器受云盖、气溶胶、太阳辐射、大气照射条件及植被覆盖的限制，对土壤水分的测量不能达到足够的敏感程度。然而微波遥感不受光照、云雾等天气条件的影响，具有全天时、全天候成像的特点，特别是长波段微波能够穿透植被，并对土壤具有一定的穿透能力，因此微波遥感被认为是最有可能最终解决遥感定量反演土壤湿度问题的技术手段(Engman et al,1995;Barrett et al,2009;孙瑞静,2010)。

区域大范围土壤水分的监测一直是土壤水分研究的重点和难题。传统的土壤水分监测方法是基于测站的点监测，只能获得少量点上的数据，再加上人力、物力、财力等多种因素的制约，难以迅速且及时地获得大面积的土壤水分，而且点上的数据并不能反映土壤水分在空间平面上的变化情况，没有代表性。遥感监测方法则是基于面上的监测，具有大范围、实时、高效、费用低廉等优点。当今卫星遥感技术的迅速发展，使得快速、及时、动态地监测与评估区域性土壤水分状况成为可能。遥感技术是进行真正意义上定量化土壤水分监测最有潜力的方法。从传感器上划分，目前土壤水分的监测方法可以分为光学遥感和微波遥感两大类，国内外专家学者对其展开了大量的研究。

1.2.1 光学遥感反演土壤水分研究现状

光学遥感反演地表土壤水分主要是利用地表的光谱信息和热红外信息来间接地反映土壤含水量状况，目前研究方法主要分为以下三类。

1. 基于热红外波段获取地表温度日变化幅度和热模型结合估测土壤湿度

20 世纪 70 年代初，Watson 等(1971)最早提出了一个利用地表温度日较差来推算热惯量的简单模型。后来 Pohn 等(1974)于 1974 年用气象卫星数据制作了热惯量的等值线图；Idso 等(1975)通过对裸露土壤表层土壤水分与温度日变幅的相关性研究，提出基于热惯量的能力平衡方程估算土壤水分的方法。Rosema 等(1977)进一步发展了他们的工作，提出了计算热惯量和每日蒸发的模型；1978 年热容量制图卫星(heat capacity mapping mission, HCMM)发射成功，随后具有较高分辨率的 NOAA(national oceanic and atmospheric administration)系列气象卫星相继投入使用，推动了土壤水分遥感监测方法的研究。Price(1977，1982，1985)通过系统的研究，阐述了热惯量的遥感成像原理，提出了表观热惯量的概念，即 $Rs=S^3/L^2$，其中 Rs 为昼夜最高温度与最低温度之差，从而使采用卫星提供的热红外辐射温度差计算热惯量并估算出土壤水分成为可能。England 等(1992)提出了辐亮度热惯量(radio brightness thermal inertia，RTI)的概念，并认为 P_{RTI} 对土壤水分的敏感性要好于表观热惯量 P_{ATI}。

国内利用热红外技术监测土壤水分始于 20 世纪 80 年代，主要是在国外模型的基础上做了一些应用研究。张向前等(1986)对经典的热传导方程给予一个简单的温度周期函数为边界值来求解热惯量，并用航空摄影数据制作了国内第一张热惯量图。田国良等(1990)利用 AVHRR(advanced very high resolution radiometer)数据，分别使用表观热惯量及蒸散与农作物缺水指数法分析了土壤水分。张仁华(1991)在热惯量模式的改进方面提出了一个现实的克服显热的、潜热输送干扰的、适用于裸地的热惯量模式，提高了表观热惯量估算的精度。李杏朝(1996)、陈怀亮(1998)在地理信息系统支持下利用表观热惯量模型时，对不同类型的地理样本或者不同质地的土壤进行大量的实验，消除了土壤质地的影响，提高了监测精度。余涛等(1997)在 Price 工作的基础上通过改进求解土壤表层热惯量的方法，考虑了地表显热和潜热因子，直接从遥感图像上得到真实热惯量，在实验的基础上确定相关参量间的关系，从而实现反演监测土壤水分含量分布的目的。张可慧等(2002)构造了不同深度土壤含水量和 NOAA/AVHRR 的不同模型并对结果精度进行了比较分析，建立了适合河北广大地区的土壤水分遥感模型。刘振华等(2006)考虑植被因素的影响，将热惯量模型的应用从裸土扩展到植被覆盖区，在植被覆盖区域使用双层模型中的土壤能量平衡方程，同时在热传导的边界条件中引入显热通量和潜热通量，通过利用一日中最大地表温度来计算热惯量。

2. 基于可见光和近红外遥感资料进行土壤水分监测

遥感的可见光和近红外波段能精确地提取地表植被指数，此类方法都是基于各种植被指数发展而来。而归一化植被指数(normalized difference vegetation index, NDVI)是应用最广的植被指数，在干旱监测和制图中具有优越性。Jakson等(1983)使用AVHRR建立地表土壤湿度与NDVI之间的线性关系来监测土壤水分，发现只有水分胁迫验证阻碍作物生长时才能引起植被指数的明显变化。此外NDVI也受到定标和仪器特性、云和云影、大气、双向反射和土壤背景等因素的影响。Prout等(1984)用NOAA/AVHRR的NDVI与气象资料预报加拿大东部地区的农田干旱，准确地预报了1985年的干旱对农业严重的影响。Tucker(1989)分别用SMMR(scanning multichannel microwave radiometer)数据与AVHRR数据反演土壤水分，并分析比较了两者反演土壤水分的优劣。20世纪90年代初，Kogan(1990)提出了VCI，依据植被的长势对干旱进行监测。

国内学者在此方面做了大量的研究，并有不少开创性的工作。为克服直接用NDVI监测干旱带来的较大误差，陈维英等(1994)通过多年遥感资料的积累，计算出常年植被指数与当年旬植被指数的差异，从而判断当年植被长势和土壤供水状况。Lei等(2003)用NDVI与气象干旱指数(standard precipitation index, SPI)建立干旱监测模型，得到区域干旱状况分布图，并认为其与当地的降水分布是一致的。詹志明等(2006)通过分析植被在红光(RED)和近红外(NIR)波段的光谱信息，提出一种垂直植被指数(perpendicular drought index, PDI)，通过构建RED-NIR空间来反演土壤水分。Abduwasit等(2007)使用该方法对北京顺义地区进行了土壤水分监测，取得了非常好的效果。相对于传统植被指数方法，PDI对地表覆盖类型，水热组合及气候的动态变化都比较敏感，物理意义明确，没有传统植被指数在监测干旱中的滞后问题。

3. 综合利用可见光、近红外和热红外资料进行土壤水分监测

在植被覆盖条件下，利用NDVI作为水分胁迫指标表现出一定的滞后性，因此结合植被指数和陆面温度的复合信息监测区域旱情显得更为合理。Nemani等(1989)在研究植被的蒸散时，首次将温度和NDVI结合起来，研究它们与植物潜在蒸散量之间的关系。自从Nemani等(1989)在1984年利用温度-归一化植被指数特征空间(Ts-NDVI)研究蒸散以来，这方面的理论和应用研究发展迅速。Carlson等(1990)利用航空数据，根据Ts-NDVI的关系估测作物冠层和裸土温度，并利用边界层模型估测土壤含水量。Price(1990)则利用NOAA/AVHRR数据通过模拟地表温度与NDVI的关系，估测区域蒸散。后来Kogan(1995)在前人的研究基础上提出植被供水指数(vegetation supply water index，VSWI)模型，如式(1.1)所示，即

$$VSWI = B \cdot \frac{NDVI}{Ts} \tag{1.1}$$

式中，B为图像增强系数，Ts为地表温度。

当作物供水正常时，遥感得到的植被指数在一定生长期内保持在一定的范围，作物冠层温度也保持在一定范围；当作物供水不足时，作物生长会受到影响，从而导致植被指数降低。Mcvicar等(1992)发现在干旱发生期间VSWI增加，以月为单位的VSWI年累计量与年降水量的倒数呈显著相关关系，于是将其用于干旱监测和食物缺乏评估。Carlson等(1994)在不依靠气象数据的情况下利用Ts-NDVI空间建立了土壤-植被-大气传输(soil-vegetation-atmosphere transfer，SVAT)模型，研究土壤-植被-大气之间的能力传递与转化关系，并有效估算了土壤水分含量。Sandholt等(2002)利用简化的Ts-NDVI特征空间提出了温度植被干旱指数(temperature vegetation drought index，TVDI)，该指数简化了Ts-NDVI三角形、梯形特征空间，仅使用遥感数据就可以进行大范围的土壤水分监测，不需要其他的辅助数据。

国内学者在此基础上也做了大量的研究。刘良云等(2002)利用Ts与NDVI的关系进行地物分类，提取了植被覆盖和土壤湿度的信息。齐述华等(2003)利用NOAA/AVHRR数据通过建立Ts-NDVI特征空间研究全国干旱分布。王鹏新等(2001)在利用条件植被指数、条件温度指数和距平植被指数监测年度间相对干旱的基础上，提出了条件植被温度指数(vegetation temperature condition index，VTCI)，考虑了某一区域内归一化植被指数的变化，又考虑了在归一化植被指数值相同条件下的地表温度变化。孙威等(2006)利用NOAA/AVHRR数据对山西关中平原地区进行了干旱监测，并用降水量资料对近5年来5月上旬的干旱监测结果进行验证，结果表明VTCI与降雨量密切相关，是一种近实时的干旱监测方法。杨鹤松等(2007)应用MODIS多时段的数据计算VTCI，利用VTCI对华北平原2003—2006年每年5月上旬的干旱情况进行了检测，并在时间和空间上分析了华北平原的干旱情况。

除了以上三种主要手段外，研究者也在别的方面做了很多探索，发展了一些模型，如基于蒸散模型的土壤水分监测方法(Jackson et al，1981；Nidson，1990)、归一化温度指数(Mcvicar et al，1992)和云参数法等(刘良明，2004；余凡，2007)。

光学遥感反演土壤水分，方法较为成熟，但是由于光学遥感模型大多是经验模型，反演结果受地域、时间选择等人为因素影响较大，精度不够稳定。

1.2.2 微波遥感反演土壤水分研究现状

国际上雷达遥感在蓬勃发展，但应用于地球科学是20世纪五六十年代的事情。20世纪50年代侧视机载雷达(side looking synthetic aperture radar, SLSAR)的出现，大大提高了雷达遥感的分辨率。20世纪50年代后期研制成功的合成孔径雷达(synthetic aperture radar, SAR)是雷达发展史上的一个里程碑，它解决了雷达设计中高分辨率要求与大天线、短波长之间的矛盾，使方位向分辨率提高了几十到几百倍，出现了数量级的飞跃。1978年6月美国发射的"海洋卫星一号"SAR，是第一个从空间对地球进行成像探测的合成孔径雷达系统，这个系统摄取了1亿多平方千米的海洋和陆地图像，显示了微波遥感的潜在经济价值，打开了从空间监视我们星球的遥感频谱新领域。进入20世纪90年代，世界范围内形成雷达遥感的高潮，欧洲航天局于1991年、1995年相继发射了欧洲遥感卫星1号和2号(European remote sensing satellite, ERS-1, ERS-2)，并于2002年3月发射了新一代的高级合成孔径雷达(adavanced synthetic aperture radar, ASAR)。ASAR具有双重极化和多模式能力，可以提供水平-水平(horizontal-horizontal, HH)、垂直-垂直(vertical-vertical, VV)、水平-垂直(horizontal-vertical, HV)、垂直-水平(vertical-horizontal, VH)中任意两个极化组合数据，还可提供图像模式和可选极化模式，这对农作物研究具有重要意义。日本1992年发射了日本地球资源卫星(Japan earth resources satellite, JERS-1)，并于2006年发射了"大地号"(advanced L-band SAR observation satallite, ALOS)高分辨率遥感卫星，携带的相控阵型L波段合成孔径雷达(phased array type L-band synthetic aperture radar, PALSAR)是一种非常先进的传感器，具有多模式、全极化的观测能力。目前为止最为成功的商用遥感卫星Radarsat-1于1995年由加拿大空间局发射升空。后续卫星Radarsat-2于2007年发射升空，在超精细分辨率模式下，分辨率可以达到3 m×3 m。德国宇航研究院和欧洲阿斯特里姆公司联合研制的TerraSar-X于2007年6月发射升空，该卫星是目前分辨率最高的雷达卫星，达到了1 m×1 m，可以生成空前高精度的数字高程模型。我国十分重视雷达遥感技术的发展。20世纪70年代后期，中国科学院电子学研究所开始研制机载SAR，经过十余年的不懈努力，在国家"六五"计划期间研制成功单通道、单侧视方向X波段SAR的基础上，"七五"期间研制发展了我国第一部L波段成像雷达系统。这一成果不仅为我国提供了雷达的使用技术和操作经验，也为我国星载合成孔径雷达的发展奠定了重要的技术基础(郭华东，2000)。

雷达遥感由于波长较长，能穿云透雾，不受天气影响，越来越受人们的重视。不考虑系统参数的影响，雷达后向散射系数主要受到地表植被覆盖、地表粗糙度和土壤复介电常数的影响，可表达如式(1.2)所示，即

$$\sigma^{\circ}=f(Veg, Sr, \varepsilon_{m}) \tag{1.2}$$

式中，σ° 是雷达后向散射系数，Veg 是植被参数，Sr 是地表粗糙度，ε_m 是土壤复介电常数。

对于体积含水量为 m_v 的土壤，在入射电磁波频率为 1～18 GHz 时，其复介电常数由式(1.3)给出，即

$$\varepsilon_{m}^{a}=1+\frac{\rho_{b}}{\rho_{s}}(\varepsilon_{s}^{a}-1)+m_{v}^{\beta}\varepsilon_{fw}^{a}-m_{v} \tag{1.3}$$

式中，a、β 是系数；m_v 是土壤体积含水量；ρ_b 是土壤体密度；ρ_s 是土壤中固态物质密度，对于不同类型土壤，其固态物质密度差别不大，一般取 $\rho_s=2.66$；ε_s 是土壤固态物质介电常数，并且 $\varepsilon_s=(1.01+0.44\rho_s)^2-0.062\approx 4.7$；$\varepsilon_{fw}$ 是纯水的介电常数。由式(1.3)可知，土壤水分含量越大，地表的介电常数就越大。通常状态下，水的介电常数为 80，而干燥土壤的只有 3 左右。雷达回波信号与地表的介电常数紧密相关，介电常数越大，则回波信号越强(赵英时 等，2003)。因此可以从雷达信号中判断出土壤介电常数的大小，进而得到土壤水分含量。

由于雷达回波信号受地表覆盖类型影响较大，一般将裸地和植被覆盖地表分开进行研究。

1. 裸露地表雷达反演土壤水分研究

1)经验-半经验模型

目前，大多数研究是建立地表散射计或者 SAR 实测数据(多波段、多极化、可变入射角)与地表参数(介电常数、表面均方根高度、相关长度)间的相关关系，从而得到经验-半经验模型。这些模型具有一定的物理意义，同时又是建立在一定的统计规律上的，因此能获得较好的精度，如 Oh 模型(Oh，1992)、Dubois 模型(Dubois et al，1985)和 Shi 模型(Shi et al，1997)等。其中，Shi 模型是建立在 L 波段不同极化组合后向散射系数与介电常数和地表粗糙度功率谱之间的相关关系之上的，实际应用效果较好。刘伟等(2005)简化了 Shi 模型，并利用美国艾奥瓦州的土壤水分试验的多时相雷达数据估算了农作物覆盖地区的土壤水分。模型估算值与地表实测数据的相关系数在 0.85 以上。Zribi 等(2002)提出一种新的粗糙度参数，发现在固定入射角为 39°和 23°，土壤水分为 0.35 时，后向散射系数与新的粗糙度参数存在非常好的对数关系，并建立了不同角度下的散射系数差与粗糙度的经验关系，由此建立了反演土壤水分的经验模型，实现了多角度情况下土壤水分的反演。

2)微波散射理论模型

微波散射理论模型是通过建立后向散射系数与地表物理和几何参数之间的数学关系去求解介电常数和土壤水分，主要有几何光学模型(geometrical optics model，GOM)、物理光学模型(physical optics model，POM)、小波扰动模型(small perturbation model, SPM)及积分方程模型(integral equation model, IEM)(Ulaby et al, 1982; Fung, 1992)。IEM模型是基于电磁波辐射传输方程的地表散射模型,能在一个很宽的地表粗糙度范围内再现真实地表后向散射情况,已经被广泛应用于微波地表散射、辐射的模拟和分析,并经过了很多试验来研究验证。其基本思想是把未知的表面场分为两部分:一部分是保留的原始基尔霍夫场,即切面近似场;另一部分是引进补偿场,用来对基尔霍夫场进行纠正。因此IEM模型的后向散射系数可以表示为基尔霍夫项(σ_{PQ}^{k})、基尔霍夫项的补偿项(σ_{PQ}^{c})和二者交叉项(σ_{PQ}^{kc})之和,如式(1.4)所示,即

$$\sigma_{PQ}^{0} = \sigma_{PQ}^{k} + \sigma_{PQ}^{c} + \sigma_{PQ}^{kc} \tag{1.4}$$

这些理论模型都过于复杂,无法反向推导出土壤水分反演的精确表达式,因此多采用神经网络、遗传算法等优化算法来反演土壤的水分含量。

国内对微波模型反演土壤水分的应用研究较多,如杨虎等(2002)以全极化SAR的四个波段作为BP神经元网络的输入,利用IEM模型生成训练数据,并保证训练数据与地表参数间有明确的物理关系,最后用训练好的网络来反演得到地表介电常数、地表相关长度和均方根高度。庞自振等(2008)利用遗传算法同时对土壤含水量和地表粗糙度进行编码,然后利用IEM模拟的后向散射系数和雷达影像上读取的后向散射系数建立代价函数,通过迭代来反演土壤水分和粗糙度,初步验证表明,在土壤体积含水量$m_v < 0.4$时,反演得到的土壤含水量与实测值较为接近。

2. 植被覆盖地表雷达反演土壤水分研究

当地表有植被覆盖时,微波反演模型显得更复杂一些,必须消除植被对信号的影响。目前多数研究还是基于植被散射模型理论如密歇根散射(michigan microwave canopy scattering, MIMICS)模型(Ulaby et al, 1990)、KARAM模型(Karam et al, 1983)或者基于理论模型发展的半经验模型如Roo模型(Roo et al, 2001)、水云模型(Ulaby et al, 1978),通过估算植被的后向散射,从而在总散射中消除植被影响,最终得到地表土壤水分含量。MIMICS模型根据森林等高大植被建立,将植被覆盖地表分为三部分:冠层、茎秆层、下垫面地表,冠层由枝条和叶子组成,并且枝条、叶子、杆层等散射体用概率分布函数(probability distribution function, PDF)来表述。总的散射σ_{PQ}^{0}被分为五个部分,如式(1.5)所示,即

$$\sigma_{PQ}^{0} = \sigma_{PQ1}^{0} + \sigma_{PQ2}^{0} + \sigma_{PQ3}^{0} + \sigma_{PQ4}^{0} + \sigma_{PQ5}^{0} \tag{1.5}$$

式中,五个散射项依次为植被冠层直接后向散射部分、植被冠层-地表和地表-植被冠层相互耦合的作用的后向散射部分、地表-植被-地表相互耦合作用的后向散射部分、杆层-地表和地表-杆层二面角反射、地表的直接后向散射部分。McDonald等(1991)用MIMICS模型来研究胡桃木的多角度和时域散射特性,模拟结果与车载散射计的测量结果非常吻合。Yueh等(1992)的研究表明,植被的结构特征对

微波的散射特性有着非常大的影响，因而必须在植被的散射模型中考虑植被的结构。

水云模型将植被层处理成一层同质的均匀介质，具有一定的消光能力。总的后向散射由植被冠层的直接后向散射和经植被层双程衰减之后的地表后向散射组成，适用于农作物等低矮的植被，如式(1.6)所示，即

$$\sigma_{PP}^{0}=\sigma_{PPV}^{0}+L_{PP}^{2}\sigma_{PPS}^{0} \tag{1.6}$$

式中，σ_{PPV}^{0} 是同极化雷达波经植被冠层的直接后向散射，$\sigma_{PPV}^{0}=A\cos(B)(1-L_{PP}^{2})$，$A$、$B$ 的值取决于植被类型及入射电磁波的频率；σ_{PPS}^{0} 是同极化雷达波地表的直接散射；L_{PP} 是雷达波穿透植被层的双层衰减因子，$L_{PP}^{2}=\exp(-2\tau\sec(\theta_i))$，$\tau$ 是植被层的光学厚度。Paris(1986)在机载散射计 ERASME 的 C、X 波段实测数据的基础上，对小麦的后向散射特性进行了研究，并用水云模型来提取小麦水分和土壤湿度等地表参量。Bindlish 等(2001)在 Washita 1994 数据的基础上，用水云模型和 IEM 模型对植被覆盖的土壤湿度信息进行了提取，同时用植被相关长度来表示植被在空间分布上的异质性和雷达阴影(植被重叠)，取得了很好的效果。国内也在此基础上展开了相关研究，李杏朝(1995)根据微波后向散射系数法，用微波遥感监测土壤水分的相对误差率仅 12%。刘伟等(2005)利用 MIMICS 模型研究了植被覆盖地表土壤水分的变化情况，取得了较好的反演效果。

雷达遥感反演土壤水分理论严密，物理意义明确，但是雷达信号受地表粗糙度和植被覆盖影响较大，有时候地表粗糙度对雷达信号的影响甚至比土壤水分对雷达信号的影响还要大。在植被覆盖区，雷达信号也受到植被的干扰，在植被较为密集时甚至无法有效穿透植被获取地表土壤水分信息。

1.2.3 光学与雷达数据协同反演土壤水分研究现状

由于光学数据和雷达数据在反演土壤水分的机理上有着巨大的差异，又各自有各自的优势，两者的结合则是一个新的研究方向。但目前在两者结合方面进行的研究非常少，并且多是以雷达反演土壤水分模型为主、光学数据为辅来协同反演土壤水分含量，以提高反演精度。例如 Sano(1997)在其博士论文中提出了一种协同反演的新模型，该模型通过雨季和旱季两个不同时相的雷达后向散射系数的差值 m_v 来消除地表粗糙度的影响，分析实测数据发现 θ_i 和土壤含水量 m_v 关系密切，并分别用 C 和 Ku 波段反演土壤水分，光学数据仅用来判断地表植被覆盖情况，以便对裸地和植被覆盖地表分开处理。Moran 等(2000)在随后的进一步研究中发现，在稀疏植被绿色叶面积指数小于 0.35($GLAI<0.35$) 的半干旱地区(土壤含水量 $m_v<25\%$)，后向散射系数的差值 $\sigma_{wet}^{o}-\sigma_{dry}^{o}$ 和 m_v 有着非常好的线性关系 ($m_v=0.25$)，模型中 GLAI 的值由 Landsat TM 反演得到。Wang 等(2004)对莫兰(Moran)的模型进行深入的研究，推广到了植被覆盖区，利用水云模型模拟植

被覆盖区的雷达后向散射系数。结果表明：当土壤含水量 m_v <10%时，$\sigma^{\circ}_{wet}-\sigma^{\circ}_{dry}$ 与 NDVI 呈正相关；当土壤含水量 m_v >10%时，$\sigma^{\circ}_{wet}-\sigma^{\circ}_{dry}$ 与 NDVI 呈负相关；但当 $NDVI > 0.45$ 时，雷达的后向散射系数主要来自于植被层的散射，模型将失效。

国内在这方面的研究目前刚刚起步，余凡等(2010，2012)采取"数据优化协同"和"模型耦合协同"两种形式将光学遥感与雷达遥感这两种机理完全不同的土壤水分反演方法结合起来，在一定程度上提高了土壤水分反演的精度。

目前，国际上越来越重视光学与雷达的协同遥感，发射的很多卫星都同时携带光学和雷达传感器。例如美国 EOS 计划中 2002 年发射的 AQUA 卫星同时载有微波传感器(先进微波探测器，advanced microwave sounding unit，AMSU；高级微波地球探测系统，advanced microwave scanning radiometer-earth observing system，AMSR-E)和光学传感器(中分辨率辐射成像仪，moderate resolution imaging spectroradiometer，MODIS)；欧洲航天局 2002 年发射升空的 Envisat-1 上就同时携带有雷达传感器 C 波段先进合成孔径雷达 ASAR 和多种先进的光学传感器；日本 2006 年发射的 ALOS 同时携带可见光与红外辐射计和 L 波段合成孔径雷达 PALSAR。我国于 2008 年 5 月发射的新一代极轨气象卫星风云三号装载有可见光扫描辐射计、红外分光计、微波温度计、微波湿度计、中分辨率光谱成像仪、微波成像仪等 11 台传感器，其观测谱段很宽，从紫外、可见光、红外到微波，几乎覆盖整个遥感谱段。目前正在组建的环境减灾小卫星星座系列也同时搭载有光学和雷达传感器。显然，光学遥感与雷达遥感的协同研究不仅成为可能，而且是遥感反演发展的一个重要方向。两者的协同将能更准确地反演大气、地表参数，最大限度地发挥这些遥感卫星的作用。

相对来说，光学遥感光谱丰富，波段较多，模型发展也较成熟。通过地物反射辐射特征变化来模拟地表覆盖类型、地表温度、土壤热惯量、地表蒸散发与土壤含水量之间的关系来获取土壤水分，是一种间接的经验或者半经验模式。雷达遥感是通过土壤介电常数建立地表后向散射系数与土壤水分之间的联系，物理意义明确，并且微波信号对地表土壤水分非常敏感，但常受到地表粗糙度、植被的干扰。可见，光学遥感和雷达遥感模型土壤水分反演机理完全不同，两者各有优势与不足。

因此，综合考虑光学与雷达遥感在土壤水分表达上的各自优势，本书试图将这两种机理完全不同的土壤水分反演方法结合起来，取长补短，优势互补，目的是提高地表土壤水分反演的精度，同时充分利用各种遥感数据源，减少地面测量参数，实现区域范围内的土壤水分反演。

第 2 章　监测传感器与数据源

本章对遥感数据的获取与处理进行介绍，首先介绍遥感地表监测可能用到的数据源，主要包括光学、微波、夜光遥感数据和行业专题数据、地面监测站点数据的获取；然后对这些数据的处理方法进行简单的介绍，具体的处理流程和操作需要依据实际需要翻阅相关材料。

2.1　监测数据源

2.1.1　遥感数据源

遥感(remote sensing)即遥远的感知，就是在不直接接触目标的前提下，将各类传感器安装于不同的遥感平台(卫星、航天器、飞机、飞艇、气球、无人飞行器、地面测量车、测量机器人等)，并获取地表地物特性的信息，通过信息处理、判读分析后用于各个行业应用部门。遥感技术是新兴的集光学、电子、计算机、地学和空间等科学手段的综合性科学技术(陈向宁，2011)。遥感技术主要是建立在物体反射或发射电磁波的原理基础上的，因为在不同环境条件下，物体的种类和特征不同，具有完全不同的电磁波反射或发射辐射特征，因此可根据收集到的电磁波信息来判读地面目标物和现象。

依据探测的波长和不同的遥感物理原理，遥感可分为可见光-近红外遥感、热红外遥感、微波遥感和激光雷达(LiDAR)遥感四种常用的形式，其中可见光-近红外遥感、热红外遥感又称被动遥感，主要是通过接收地物对太阳光的反射辐射能量来获取地表的信息；微波遥感和激光雷达遥感则属于主动遥感，传感器自身发射电磁波束，通过探测该电磁波的回波来获取目标物的信息。下面对这几种遥感方式的数据源做简单的介绍。

1. 可见光-近红外遥感数据

可见光-近红外遥感主要用到的波谱范围为可见光-近红外(0.38～0.9 μm)波谱段，在这段波长范围内，由于大气窗口效应，遥感信号易于穿透大气层，容易被传感器获取。可见光是能被人眼感知的，可见光遥感原理与人眼相似，能够获取到更多的人比较熟悉的地物特征，因而发展最快，技术也最先进。而某些地物在近红外波段具有非常强的反射特性，也很有利于遥感对地物信息的感知。可见光-近红外遥感获取的图像信息和纹理信息真实、直观，清晰度较高，适合人类观察和判读。因此，可见光-近红外遥感的发展最迅速，目前的空间分辨率已高于亚米级，迈向分米级。其成本也相对较低，随着小卫星技术的不断进步，目前的卫星星座能实现短周期的重复访问。高光谱遥感软硬件的发展，大大增加了可见光-近红外遥感的提取精度。夜光遥感也是可见光-近红外遥感的一种，现有的夜光遥感传感器一般通过可见光的全色波段在夜晚对地球进行观测，主要反映的是地球表面的灯光数据，能从不同角度对地球的城市发展状况进行监测。

在遥感技术近五十多年的发展过程中，美国、欧盟、中国、日本等国家和组织曾进行过多个对地观测计划，发射了数百颗遥感卫星和传感器，如美国的 NOAA/AVHRR 系列卫星和 LandSat 系列卫星、法国的 SPOT1-4 卫星、我国的风云卫星系列和中巴卫星系列。这些卫星的分辨率不高，主要应用于陆地表面大范围的自然资源信息获取。

随着科技的不断进步，遥感传感器的分辨率得到很大的提升，目前已向分米级迈进。高空间分辨率的遥感对地观测卫星逐渐成为主流，尤其在城市地理国情监测中，需要获取城市的精细信息，如居民楼、街道、车辆、交通等信息。表 2.1 列出了现有的高分辨率遥感卫星和传感器的特性。

表 2.1 现有主要的高分辨率卫星与传感器

卫星	传感器	多光谱波段	星下点空间分辨率/m	幅宽/km	发射日期
IKONOS（美国）	IKONOS	蓝/绿/红/近红外	1	12	1999 年 9 月
QiuckBird（美国）	QiuckBird	蓝/绿/红/近红外	全色 0.61；多光谱 2.44	18	2001 年 10 月
GeoEye-1（美国）	GeoEye-1	蓝/绿/红/近红外	全色 0.41；多光谱 1.65	16	2008 年 9 月
WorldView 系列（美国）	WorldView-1	无	全色 0.5	18	2007 年 9 月
	WorldView-2	蓝/绿/红/近红外＋红边/海岸/黄/近红外 2	全色 0.5；多光谱 1.8	17	2009 年 10 月
	WorldView-3	超光谱 16 个波谱	全色 0.31；近红外 1.24；短波红外 3.7	13	2014 年 8 月
	WorldView-4	超光谱 16 个波谱	全色 0.31；近红外 1.24	13	2016 年 9 月
EROS 系列（以色列）	EROS-A	无	全色 1.9	14	2000 年 12 月
	EROS-B	无	全色 0.7	7	2006 年 4 月
SPOT 系列（法国）	SPOT-6	蓝/绿/红/近红外	全色 1.5；多光谱 6	60	2012 年
	SPOT-5	绿/红/近红外/短波红外	全色 2.5；多光谱 10；短波红外 20	60	2002 年 5 月

续表

卫星	传感器	多光谱波段	星下点空间分辨率/m	幅宽/km	发射日期
SPOT 系列（法国）	Pleiades-1	蓝/绿/红/近红外	全色 0.5；多光谱 2	20	2011 年 12 月
	Pleiades-2	蓝/绿/红/近红外	全色 0.5；多光谱 2	20	2012 年 12 月
高分系列（中国）	高分一号	蓝/绿/红/近红外	全色 2；多光谱 8	60	2013 年 4 月
	高分二号	蓝/绿/红/近红外	全色 2；多光谱 8	45	2014 年 8 月
	高分三号	C 波段 SAR	1～500（全球观测模式）	10～650（全球观测模式）	2016 年 8 月
	高分四号	蓝/绿/红/近红外	全色多光谱 50，中波红外 400	400	2015 年 12 月
	高分六号	蓝/绿/红/近红外	全色 2；多光谱 8	90	2018 年 6 月
资源三号系列（中国）	资源三号 01 星	蓝/绿/红/近红外	全色 2.1；多光谱 5.8	51	2012 年 1 月
	资源三号 02 星	蓝/绿/红/近红外	全色 2.1；多光谱 5.8	51	2016 年 5 月
资源一号系列（中国）	资源一号 02B	蓝/绿/红/近红外	全色 2.36；多光谱 20	27	2007 年 9 月
	资源一号 02C	绿/红/近红外	全色 2.36；多光谱 10	54	2011 年 12 月
	资源一号 04	蓝/绿/红/近红外	全色 5；多光谱 10	60	2014 年 12 月
天绘一号系列（中国）	天绘一号 01 星	蓝/绿/红/近红外	高分全色 2；三线阵全色 5m；多光谱 10	60	2010 年 8 月
	天绘一号 02 星	蓝/绿/红/近红外	高分全色 2；三线阵全色 5 m；多光谱 10	60	2012 年 5 月
	天绘一号 03 星	蓝/绿/红/近红外	高分全色 2；三线阵全色 5 m；多光谱 10	60	2015 年 10 月
吉林系列（中国）	吉林一号 A 星	蓝/绿/红/近红外	全色 0.72；多光谱 2.88	12	2015 年 10 月
北京小卫星系列（中国）	北京一号	蓝/绿/红/近红外	全色 4；多光谱 32	60	2005 年 10 月
	北京二号	蓝/绿/红/近红外	全色 0.8；多光谱 3.2	24	2015 年 7 月

在我国国务院制定发布的《国家中长期科学和技术发展规划纲要（2006—2020）》中，将高分专项确定为 16 个重大专项之一，主要是为了建设国产高分辨率

对地观测系统，计划发射 7～9 颗高分辨率的遥感观测卫星。

为了突破分辨率的束缚，我国于 2013 年成功发射了高分一号卫星，它是我国第一颗高分辨率对地观测系统的卫星。突破了高空间分辨率、多光谱与宽覆盖相结合的光学遥感等关键技术，设计寿命 5 至 8 年。高分相机不仅继承了资源一号 02C 高分相机，而且综合了大视场同轴 TMA 光学系统、五谱段合一成像技术、双相机一体组合结构设计和智能化成像电子学等技术的集成创新，高分一号卫星的有效载荷技术指标如表 2.2 所示。2014 年我国继而发射了高分二号卫星，它搭载有两台高分辨率 1 m 全色、4 m 多光谱相机，具有亚米级空间分辨率，并且相关技术达到了国际先进水平。随后发射的高分三号为 1 m 分辨率；高分四号为地球同步轨道上的光学卫星，全色分辨率为 50 m；高分五号不仅装有高光谱相机，而且拥有多部大气环境和成分探测设备，如可以间接测定 $PM_{2.5}$ 的气溶胶探测仪；高分六号的载荷性能与高分一号相似；高分七号则属于高分辨率空间立体测绘卫星。高分系列卫星覆盖了从全色、多光谱到高光谱，从光学到雷达，从太阳同步轨道到地球同步轨道等多种类型，构成了一个具有高空间分辨率、高时间分辨率和高光谱分辨率能力的对地观测系统。

高分系列卫星发射组网成功后，将能够为国土资源部门、农业部门、环境保护部门提供高精度、宽范围、高时效性的空间观测服务，在地理测绘、海洋和气候气象观测、水利和林业资源监测、城市和交通精细化管理、疫情评估与公共卫生应急、地球系统科学研究等领域发挥重要作用。

表 2.2 高分一号卫星有效载荷技术指标

参数	2 m 分辨率全色和 8 m 分辨率多光谱相机		16 m 分辨率多光谱相机
光谱范围	全色	0.45～0.90 μm	
	多光谱	0.45～0.52 μm	0.45～0.52 μm
		0.52～0.59 μm	0.52～0.59 μm
		0.63～0.69 μm	0.63～0.69 μm
		0.77～0.89 μm	0.77～0.89 μm
空间分辨率	全色	2 m	16 m
	多光谱	8 m	
幅宽	60 km(2 台相机组合)		800 km(4 台相机组合)
重访周期(侧摆时)	4 天		
覆盖周期(不侧摆)	41 天		4 天

此外我国还研制并发射了测绘卫星——天绘一号卫星系列，天绘一号 01 星、02 星、03 星分别于 2010 年 8 月 24 日和 2012 年 5 月 6 日 2015 年 10 月 26 日发射成功并组网运行。它实现了中国测绘卫星从返回式胶片型到 CCD 传输型的跨越式发展，在中国首次实现了影像数据经过地面系统处理，在无地面控制点条件下，可达到与美国的航天飞机地形测绘数据（shuttle radar topography mission,

SRTM)同等水平的高程和平面精度。

除了国家层面的大卫星以外，地方生产的小卫星也进入了蓬勃发展的阶段，如北京一号、北京二号、吉林一号、珠海一号、高景一号等，都促进了我国遥感事业的发展。

此外，无人机遥感由于其自由性高、分辨率高等特点，已成为当前的研究热点。无人机低空遥感系统以无人机为飞行平台，搭载各种数字遥感设备进行拍摄和记录，实现对地理信息的实时调查与监测(李峥，2010)。它集无人驾驶飞机、遥感及卫星导航与惯性导航组合导航定位等先进技术于一体，以获取低空高分辨率影像为目的，建立了一种高机动性、低成本和小型化、专用化的遥感系统。无人机遥感系统具有快速、灵活、安全、受天气影响小、数据处理速度快、费用较低、影像分辨率高、现势性强等优势(王聪华，2006)，可广泛用于国土监察、航空遥感、水利建设、林业管理、城市规划、灾害勘查、资源勘探、环境监测等领域。

2. 热红外遥感数据

热红外遥感的电磁波谱范围是 3.75～12.5 μm，观测到的是地球表面的发射辐射能量，依据的主要原理是普朗克黑体辐射理论。由该理论可知，任何高于绝对零度温度的物体都会向外辐射能量，热红外遥感就是通过捕捉地物辐射的热信息来获取地物的温度信息。热红外遥感一般用于地表温度的反演。

任何物体都具有不断辐射、吸收、反射电磁波的本领。辐射出去的电磁波在各个波段是不同的，也就是具有一定的谱分布。1900 年，普朗克提出光谱辐射通量密度和温度及波长分布的定律，如式(2.1)所示，即

$$W_\lambda = \frac{2\pi hc^2}{\lambda^5} \cdot \frac{1}{e^{ch/\lambda kT} - 1} \tag{2.1}$$

式中，W_λ 为光谱辐射通量密度，h 为普朗克常量，c 为光速，λ 为波长，k 为玻尔兹曼常数，T 为绝对温度。对式(2.1)经过积分计算可得到式(2.2)，即

$$W = \frac{2\pi^5 k^4}{15c^2 h^3} \cdot T^4 = \delta T^4 \tag{2.2}$$

式中，$\delta = 5.670\,373 \times 10^{-8}\ \mathrm{W/(m^2 \cdot K^4)}$，为斯特藩-玻尔兹曼常数。从式(2.2)可以看出，绝对黑体的表面单位面积发出的总辐射能与绝对温度的四次方成正比，称为斯特藩-玻尔兹曼公式。对于大多数物体而言，由传感器检测到的辐射能用此公式可推算出总辐射能和绝对温度。

以上公式对黑体是严格成立的，通过计算辐射能量值能间接获得目标对象的“温度”信息，但自然界中存在的真实物体大部分为非黑体，需要考虑比辐射率 ε 的影响，则得到式(2.3)，即

$$W = \varepsilon\delta T^4 \tag{2.3}$$

式中，ε 是非黑体的比辐射率，它是一个无量纲的值，一般位于 0～1，可以通过测

量得到。

由于热红外波段的波长较长，红外焦平面列阵制作工艺较复杂，高密度小像素尺度的红外焦平面器件的制作尚存在一定困难，探测器列阵的结构组织和当前的技术水平又无法满足填充因子达到100%，而根据奈奎斯特(Nyquist)采样定理，焦平面列阵的采样频率就有一定的限制，红外焦平面列阵空间采样频率很难达到自然场景图像奈奎斯特频率的二倍，此时红外图像就会因欠采样而引起信号混叠，造成红外图像模糊，空间分辨率较低(隋修宝 等，2007)。

目前，在遥感中使用较多的热红外传感器主要如表2.3所示。

表2.3 常用的热红外传感器及其参数

传感器	波段号	星下点空间分辨率/m	幅宽/km
MODIS	32(11.77～12.27 μm)； 33(13.185～13.485 μm)	1 000	2 330
TM	6(10.4～12.5 μm)	120	185
ETM+	6(10.4～12.5 μm)	60	185
Landsat8-OLI	10(10.6～11.2 μm)； 11(11.5～12.5 μm)	100	185
ASTER	10(8.125～8.475 μm)； 11(8.475～8.825 μm)； 12(8.925～9.275 μm)； 13(10.25～10.95 μm)； 14(10.95～11.65 μm)	90	60
环境一号卫星	4(10.5～12.5 μm)	300	720

MODIS传感器是搭载于Terra和Aqua卫星上的一个多光谱中等分辨率传感器，是美国EOS(earth observation system)对地观测计划的重要组成部分，主要目的是对太阳辐射、大气、海洋和陆地进行综合的观测。其位于大气窗口的32、33通道主要是用来反演地球表面的温度，并提供一系列高精度的地表温度产品(如MOD11产品)。

MODIS数据的主要问题是空间分辨率较低，难以应用城市地表温度的反演，不能反映城市热环境的细节信息。一般采用TM6、ETM+6及改进的OLI传感器数据，空间分辨率在100 m左右，能一定程度上反映出城市不同区域、不同结构和地表覆盖情况下的热信息。ASTER是搭载于Terra卫星上的一个传感器，由日本制造，主要用于地表资源、生态和环境的监测，有5个热红外波段，空间分辨率为90 m，能较好地反演地物的温度信息。环境卫星一号是我国环保部门设计的一颗主要用于地表生态环境监测的卫星，搭载有1个热红外波段，空间分辨率为300 m，具有较强的对地观测能力。

热红外遥感在城市中的应用主要是反演城市的地表温度，用于监测城市的热岛效应。但是由于其空间分辨率不高，难以反映城市结构对热环境的影响作用，一定程度上影响了其应用价值。同时，高分辨率的热红外遥感反演地表温度理论仍需进一步的研究，目前，相关研究已经开展。

3. 微波遥感数据

微波也是电磁波的一种形式，其波长从 1 mm 至 1 000 mm，一般分为毫米波、厘米波、分米波和米波。微波遥感分为主动和被动两种方式，其被动方式为有微波扫描辐射计之类的传感器接收地物的微波辐射，这种方式与可见光和红外遥感的方式一样。而主动方式是先由传感器发射微波波束，再接收地物反射回来的信号，这种方式不依赖于太阳辐射，可 24 小时全天候工作。微波主动方式一般采用真实孔径雷达和合成孔径雷达，借助发射无线电波并接收目标的反射信号来进行探测，获得图像常常称为雷达图像。

相对于光学遥感，微波遥感具有全天时全天候的工作能力，自身发射电磁波，不依赖于太阳光；而且微波波长较长，受大气散射影响小，能穿云透雾，而且对地表也具有一定的穿透作用。因此，国际上在 20 世纪 50 年代就开始研究雷达，美国 20 世纪 50 年代后期研制成功的合成孔径雷达(SAR)是雷达发展史上的一个里程碑，它解决了雷达设计中高分辨率要求与大天线、短波长之间的矛盾，使方位向分辨率提高了几十到几百倍，出现了数量级的飞跃。其后，欧盟、加拿大、日本、中国等也在该领域加大了投入，纷纷研制出各自的雷达传感器和相关系统(表 2.4)。

表 2.4　常用的雷达传感器及其参数

卫星	传感器	极化方式	空间分辨率/m	幅宽/km	发射日期
Envisat-1	ASAR	VV 或 HH；VV/HH 或 VV/VH 或 HH/HV；VV 或 HH；VV 或 HH；VV 或 HH	30；30；150；1 000；10	100；100；400；400；5	2002 年 3 月
ALOS 系列	PALSAR-1	HH 或 VV；HH/HV 或 VV/VH；HH 或 VV；HH/HV/VV/VH	10；20；100；30	70；70；250～350；30	2006 年 1 月
	PALSAR-2	HH 或 HV 或 VH 或 VV；HH 或 HV 或 VH 或 VV 或 HH/HV 或 VH/VV；HH 或 HV 或 VH 或 VV 或 HH/HV 或 VH/VV；HH/HV/VV/VH；HH 或 HV 或 VH 或 VV 或 HH/HV 或 VH/VV；HH/HV/VV/VH；HH 或 HV 或 VH 或 VV 或 HH/HV 或 VH/VV；HH 或 HV 或 VH 或 VV 或 HH/HV 或 VH/VV	1；3；6；6；10；10；100；60	25；50；50；40；70；30；350；490	2014 年 5 月

续表

卫星	传感器	极化方式	空间分辨率/m	幅宽/km	发射日期
Radarsat-2	ASAR	VV 或 HH 或 HV 或 VH；VV 或 HH 或 HV 或 VH ；VV 或 HH 或 HV 或 VH；VV 或 HH 或 HV 或 VH；HH/HV 或 VV/VH；HH/HV 或 VV/VH；HH/HV 或 VV/VH；HH/VV/HV/VH；HH/VV/HV/VH；HH；VV 或 HH 或 HV 或 VH；VV 或 HH 或 HV 或 VH；HH/HV 或 VV/VH；HH/HV 或 VV/VH；	3；8；25；30；8；25；30；12；25；18；50；100；50；100	20；50；100；150；50；100；150；25；25；75；300；500；300；500	2007 年 12 月
TerraSAR-X		HH/HV/VV/VH；HH/HV/VV/VH；HH/HV/VV/VH；	1；3；16	10；50；150	2007 年 6 月
COSMO		HH 或 VV；HH 或 HV 或 VV 或 VH；HH/VV 或 HH/HV 或 VV/VH；HH 或 HV 或 VV 或 VH；HH 或 HV 或 VV 或 VH	1；3；15；30；100	10；40；30；100；200	2007 年 6 月
AIRSAR		HH 或 HV 或 VV 或 VH；HH 或 HV 或 VV 或 VH；HH 或 HV 或 VV 或 VH；	7.5；3.75；1.875	10；10；10	1990 年
高分三号	高分三号	HH 或 HV 或 VV 或 VH；HH 或 HV 或 VV 或 VH；HH/VV 或 HH/HV 或 VV/VH；HH/VV 或 HH/HV 或 VV/VH；HH/VV 或 HH/HV 或 VV/VH；HH/VV 或 HH/HV 或 VV/VH；HH/VV 或 HH/HV 或 VV/VH；HH/HV/VV/VH；HH/HV/VV/VH；HH/HV/VV/VH；HH/VV 或 HH/HV 或 VV/VH；HH/VV 或 HH/HV 或 VV/VH；HH/VV 或 HH/HV 或 VV/VH	1；3；5；10；25；50；100；8；25；10；500；25；25	10；10；50；100；130；300；500；30；40；5；650；130；80	2016 年 8 月
环境一号 C 星		HH 或 HV 或 VV 或 VH；HH/HV/VV/VH；	5；100	40；100	2012 年 12 月

我国微波遥感起步较晚，于 1974 年启动了几种主要遥感器的研制，包括上海技术物理所研制的机载红外扫描仪、长春光机所研制的机载多光谱相机、电子所研制的机载合成孔径侧视雷达、长春物理所研制的机载微波辐射计等。进入 21 世纪以来，我国加大研究力度，于 2016 年 8 月发射首颗搭载微波传感器的遥感卫星高

分三号卫星，其分辨率达可到1 m，它是C频段多极化合成孔径雷达(SAR)卫星，它的成功发射和使用将显著提升我国对地观测能力，是高分专项工程实现时空协调、全天候、全天时对地观测目标的重要基础。

微波在遥感界的应用不仅仅局限于卫星，还包括小型航空SAR、地基SAR和车载SAR等。机载SAR利用微波成像，其发射的电磁波具有较强的穿透性，能够不受天气、烟雾、树林和战场伪装等的影响对目标进行全天时、全天候观测，故其在气候恶劣的情况下如沙尘、烟雾弥漫的战场及在夜间，可以发现航空相机不能发现的信息。在无人机机载微波成像技术不断发展的背景下，微型高性能合成雷达(mini SAR)载荷逐步攻克了微型化、低功耗、高分辨率成像技术等难点(邓大松，2010)。在某些时候，无人机载合成孔径雷达系统获取的图像也能够满足地理国情监测的应用需求，为获取困难地区地理国情监测数据提供了一套新的技术手段。

地基SAR是近几年发展起来的地面微波定量遥感技术，采用步进频率连续波和合成孔径雷达技术，可得到分辨率达0.5 m的图像。此外，地基SAR比星载SAR更加稳定，可在监测目标区域内建立特定的场景，并根据目标特点选择较为方便的短时间基线(王鹏 等，2012)。地基SAR拥有广泛的应用，如对大坝、桥梁的稳定性动态监测和山体滑坡等自然灾害的监测预警，以及在一些危险区域的监测等(张祥 等，2011)。

车载SAR在近几年来也成了研究热点，其搭载的超宽带合成孔径雷达具有良好的地表穿透性、全天候工作和高分辨成像能力等优点，在埋地小目标探测方面具有极大的应用价值。前视车载SAR探测系统能在短时间内完成大面积区域的探测，具有安全、高效的特点。此外，它还具有对空间同一区域进行连续多次观测的特点，为目标检测提供了丰富的特征(金添，2007；Kositsky et al，2008)。

4. 激光雷达遥感数据

激光雷达(LiDAR)是一种主动遥感系统，是通过传感器自身发射激光束探测目标的位置、速度等物理量的雷达系统。激光雷达的工作原理与雷达非常相近，以激光作为信号源，由激光器发射出的脉冲激光，射到地面的树木、道路、桥梁和建筑物上，引起散射，一部分光波会反射到激光雷达的接收器上，根据激光测距原理计算，就得到从激光雷达到目标点的距离，脉冲激光不断地扫描目标物，就可以得到目标物上全部目标点的数据，形成密集的点云，将这些点云进行数据处理成像后，可以得到目标的精确三维立体图形。本质上激光雷达是一种通过简单直接测定距离而探测目标的系统，具有非常好的可靠性。

由于激光雷达一般采用近红外的波普段，波长一般是微米量级，跟普通的微波波长相差几个量级，意味着激光雷达能有更高的角分辨率，即更窄的激光束，从而获得更高的空间分辨率。激光雷达的主要缺点是激光难以穿透大气层，受大气影响较严重，一般很少将激光雷达传感器置于卫星上，而多用车载、机载模式采集影像，一定程度上限制了激光雷达的应用。

当前星载的激光雷达主要是对大气中的云、气溶胶及边界层进行探测，主要包括云和气溶胶监测卫星(cloud-aerosols LiDAR and infrared pathfinder satellite observations，CALIPSO)上的云-气溶胶正交偏振激光雷达(cloud-aerosols LiDAR and orthogonal polarization，CALIOP)。该激光雷达提供垂直分辨率为 30 m 的点云数据。云剖面雷达，位于 Cloudsat 卫星上，属于激光雷达，它可"切"开云层，改进对云层结构和成分的研究。GLAS (geosciences laser altimeter system)激光雷达，是一台在轨运行的星载激光雷达测高仪，激光脉冲能以每秒 40 次的速度在地球表面获取直径为 70 m 的亮斑点，点间距为 175 m。

5. **夜光遥感数据**

严格来说，夜光遥感只是利用光学传感器的全色波段，在夜晚对地球表面进行观测，反映的是地球表面的灯光情况，本质上也属于可见光遥感。由于其能从不同角度反映地表城市的发展情况，在反映城市扩张、经济社会发展方面具有独特的作用，此处单独将其介绍。

夜光遥感对地球的观测始于 20 世纪 70 年代的美国军事气象卫星计划(defense meteorological satellite program，DMSP)的线性扫描业务系统(operational linescan system，OLS)。起初是为气象目的设计，用于探测月光照射下的云层信息。后来由于科学家们意外地发现 DMSP/OLS 可以捕捉到无云情况下的夜间城镇等发光情况，于是产生了夜光遥感(李德仁 等，2015)。

自 1962 年 5 月 23 日发射第 1 颗卫星 DMSP-1 F1 开始，至今 DMSP 卫星已经历了 Block1、2、3、4A、5A、5B、5C、5D，传感器由 1 台增加到了 8 台，包括 OLS、SSMIS、SSUSI、SSULI、SSI/ES-3、SSM-Boom、SSJ5、SSF。1976 年 9 月，DMSP Block 5D-1 F1 卫星开始搭载可见红外成像线性扫描业务系统传感器，目前在役的 DMSP 卫星系统均搭载了 OLS 传感器。2009 年 10 月 18 日发射了 DMSP 5D-3/F18，2014 年 4 月 3 日发射了 DMSP 5D-3/F19。

夜光遥感影像除了 DMSP/OLS 外还有 NPP/VIIRS、SAC-C/HSTC、EROS-B 和国际空间站宇航员拍摄的照片，国内目前已发射的珞珈一号也可拍摄夜光影像等。夜光影像可以反映夜间城镇灯光及夜间渔船、油气燃烧、森林火灾的发光等，因此广泛地应用于社会经济参数估算、区域发展研究、重大事件评估、渔业监测等诸多研究领域(李德仁 等，2015)。

2.1.2 专题与统计数据

不同行业的专题数据，例如测绘部门的 1∶5 万地形图、地表覆盖分类图等在国情监测中同样发挥着重要的作用。其中有的数据直接达到产品级，有的则需要经过空间化与插值处理，入库存储。

1. 地形图

2011 年 8 月 25 日，随着中国国家测绘地理信息局副局长李维森宣布，国家西部 1∶5 万地形图空白区测图工程（西部测图工程）和国家 1∶5 万基础地理信息数据库更新工程（1∶5 万更新工程）相继竣工验收，这意味着我国 1∶5 万地形图实现了对全国陆地国土的全覆盖。此地形图工作完成了对 8 000 多景卫星遥感影像和 20 多万张航空像片的信息处理，录入了近 600 万条地名，1.4 亿个地理要素，其信息要素由原来的 101 类增加到 437 类。西部测图工程中，占中国陆地国土面积约 20%的 1∶5 万地形图也实现了从无到有。

1∶5 万地形图是我国国民经济各部门和国防建设的基本用图，是国家经济建设、社会发展和维护国家安全必不可少的基础图件（洪志刚 等，2005）。首先它是编绘更小比例尺地形图或专题图的基础资料，其次它在城乡规划、国情普查、交通运输、国防建设、资源开发等领域也有着广阔的应用前景。

2. 地表覆盖分类图

地理国情监测的基础是地表覆盖，而地表覆盖是指自然营造物和人工建筑物所覆盖的地表诸多要素的综合体，包括地表植被、土壤、冰川、河流、湖泊、沼泽湿地及各种建筑物，主要侧重描述地球表面的自然属性，具有特定的时间和空间特性（黄晓东，2009）。地表覆盖的变化会对环境景观特征、生态系统、社会经济等产生很大的影响（张静 等，2012）。

目前我国已发布了一些土地覆盖分类标准，如 2005 年发布的《基础地理信息数字产品 土地覆盖图》（CH/T 1012—2005），其中土地覆盖类型划分为 8 个一级类、14 个二级类；2017 年发布的《土地利用现状分类》（GB/T 21010—2017），其中的土地利用类型分为 12 个一级类、73 个二级类等。

统计数据指各行业以统计的手段获取的数据，能反映某些领域发展情况的客观数据。例如，统计年鉴、经济普查公报、人口普查公报等一些统计数据或报告，可以反映城市社会、经济、人口等之间的关系，也是国情监测的重要组成部分，可用于城市空间格局变化监测分析和城市群空间格局（经济发展状况、产业结构、人口布局等）变化监测分析等。

2.1.3 地面监测站点数据

随着科技的进步和电子监测软硬件的不断发展，很多专业部门都建立起覆盖范围广阔的监测地面网络，包括气象局的气象站点获取的气象数据，环境监测部门的细颗粒物（$PM_{2.5}$）、二氧化碳、二氧化硫实时监测数据、海洋局的海洋自动监测站等都建立了众多的自动监测站点，这些站点能自动采集实时数据，并能以较快速度自动进行初步处理和存储。

下面以最常见的自动气象站为例，介绍地面监测站点数据的获取方法。气象部门是我国较早开展自动化网络监测的部门，全国分布有数千个国家级的气象台站，组成一个基本覆盖全国的监测网络，图 2.1 为地面监测站网络的结构图。一个自动气象站一般包括气象传感器、数据采集装置，电源供电系统、防辐射通风罩、全天候防护箱和气象观测支架、卫星定位装置、通信模块等，主要用来对风速、风向、雨量、空气温度、空气湿度、光照强度、土壤温度、土壤湿度、蒸发量、大气压力等十几个气象要素进行全天候现场监测。获取的这些数据可经过各种通信方式，如移动通信的通用分组无线服务技术(general packet radio service, GPRS)，发射到数据中心进行处理和存储，数据中心也可以对采集过程进行人工干预，修改观测计划。这些数据经处理后可共享和应用，如常态化的气象观测预报、应急气象灾害监测、农业土壤墒情监测、水循环监测、热平衡监测、碳循环监测、林业防火监测等。

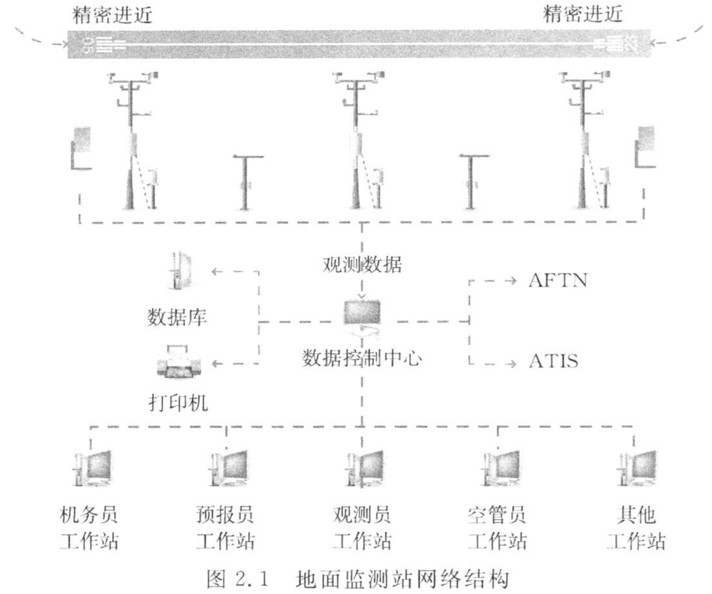

图 2.1 地面监测站网络结构

2.2 通用数据处理

2.2.1 光学数据的处理

光学遥感数据的处理主要包括几何纠正、辐射校正、图像融合、影像配准、影像镶嵌和影像分类等，下面做简单介绍。

1. 几何纠正

当处理遥感图像之前，通常要将遥感影像投影到相应的参照系统中。然而遥感图像成图时，会由于传感器的成像方式（中心投影、全景投影、斜距投影等）、传感线外方位元素变化（位置和姿态角）、地形起伏引起的像点位移、地球曲率、大气折射及地球自转等的影响使图像的几何形状与对应的地物形状存在一些差异（孙家抦，2013）。针对这些问题需要对影像进行几何纠正，将遥感影像投影到对应的参考系统中并修正原始影像所存在的几何变形，以便进行影像信息的其他后续应用（贺少帅，2009）。

传统的几何纠正方法有多项式法、共线方程法和有理函数模型法（张过，2005；王雪平，2014）。

2. 辐射校正

由于遥感图像的成像过程较复杂，传感器接收到的电磁波能量受太阳位置和角度、大气条件、地形及传感器本身性能等影响，使其与地物本身辐射的能量不一致而引起失真；这时需要对影像辐射定标和辐射校正，而二者正是遥感数据定量化的最基本环节（孙家抦，2013）。辐射定标是指标定传感器探测值的方法，可确定传感器入口处的准确辐射值。辐射定标可建立卫星探测器输出量与传感器获取的辐射量之间的定量联系，是正确判读并有效利用遥感卫星影像的前提。传感器辐射定标内容包括强度定标、光谱定标和空间定标。辐射定标可分为绝对定标和相对定标，绝对定标是对目标做定量描述，得到目标的辐射绝对值，而相对定标是只得出目标中的某一点辐射亮度与其他点的相对值。绝对定标方法有传感器实验室定标、遥感器星上内定标、遥感器场地外定标。之后有学者提出交叉定标，该方法是目前国内外辐射定标研究的热点之一，是利用标定好的传感器作为参考传感器同时观测同一目标，将未标定的定标传感器的观测计数值转化为地表真实辐射值。目前常用的交叉定标法有辐亮度法、光谱匹配法及辐射传输模型方法。

3. 图像融合

从单一传感器中获取的数据信息是有限的，难以满足实际的应用需要，通过图像融合处理可结合不同图像的有用信息，弥补单一传感器的不足。图像融合就是将多源遥感图像在规定的地理参考下，按照某一算法生成新的图像。将全色图像和多光谱图像融合，可以在保留光谱特性的同时提高图像的空间分辨率。图像融合的划分可以分为若干个层次，一般分为像素级、特征级和决策级（孙家抦，2013）。

当下研究最深、应用最广泛的融合算法仍为像素级融合算法。首先要对遥感图像进行精确配准，而且当所要融合的影像分辨率不一致时需进行重采样使其保持一致；其次，将图像按某种变换方式（要求这种变换必须可逆，也就是可由多幅子图像合成一幅图像）分解成不同级别的子图像。常用的融合算法有基于变量替换的融合方法、基于调制的融合方法、基于多尺度分析的融合方法、基于混合像元分解的融合方法等（杨景辉，2015）。

4. 影像配准

在遥感影像的处理中往往需要将多幅影像进行比较分析，如图像融合、变化监测等，这就要求不同影像间必须保证在几何上是相互配准的。图像配准的实质就是几何纠正，根据图像的几何畸变特点，采用几何变换将图像规划到统一的坐标系中。影像配准方法可分为基于区域的配准、基于图像特征的配准、基于混合模型的配准和基于物理模型的配准四类。其中，基于区域的配准包括最大互信息法、极大似然匹配法、互相关法、序贯相似性检测法及基于快速傅里叶变换的相位相关法和小波变换法等；基于图像特征的配准将对整幅图像转化为图像的某种特征进行分析，计算量减少了许多，主要特征元素包括点、线、面和虚拟特征；基于混合模型的配准包含粗配准和精配准两个处理过程，前者将最优配准参数限制在一个限定的范围内，后者则采用优化搜索策略从粗配准得到的参数中快速找到最优参数，它们使用不同的匹配方法；基于物理模型的配准是将图像看作一个整体，认为图像间的差异是由物理形变引起的，该方法就是模拟这种形变过程，该方法在医学领域已成为研究热点，但在遥感领域才刚刚开始发展，有待人们进一步研究。

5. 影像镶嵌

在平时的影像处理过程中往往会遇到研究区域不在同一影像范围内，或者一景影像不能覆盖研究区的情况，此时需将不同影像文件合在一起形成完整的研究区，这就是影像镶嵌。影像镶嵌的关键是将多幅影像拼接在一起并保证拼接后的图像反差一致，色调相近且没有明显接痕。

现有比较常用的镶嵌方法是基于小波的图像镶嵌和基于重叠影像的拼接缝消除方法。前者理论严密，处理过程中要求计算机内存很高，计算复杂，而后者算法简单，但当影像几何镶嵌精度不高时，处理效果不如前者。

6. 影像分类

遥感影像分类就是将遥感影像中的每个像元依据其在不同波段的光谱亮度、纹理、空间结构、邻域等特征，按照某种规则或者算法将其划分为不同的类别。影像分类的本质是对地球表面及其环境在遥感影像上的信息属性进行判别和分类，达到提取所需地物信息的目的。影像分类可分为人工分类、计算机自动分类和人机交互三种方式。人工分类就是利用人的经验和知识，通过影像分类的基本要素和解译标志来识别目标和划分影像的类别。计算机自动分类就是利用计算机算法来模拟人类的识别功能，实现对地物的自动提取。由于地物的复杂性，目前的计算机自动分类精度还很难达到完全的实用化。因此人机交互是一种比较好的计算机辅助分类算法，其利用计算机自动算法来进行初步分类或提取易提取的地物，通过人工干预来提取较复杂或不易识别的地物，并不断更新知识，以及修改计算机分类出现的错误。

目前，在测绘遥感行业部门一般采用人工分类和人机交互分类的方式进行作业，以保障测绘产品的精度；在学术界则专注于计算机自动分类算法的研究。计算机自动分类算法可分为监督分类、非监督分类及两者相结合的分类。监督分类需要用到训练数据，即已事先确定类别的数据。利用训练数据对其他未知类别的像元进行判断和识别，主要步骤包括选择训练样本、提取统计特征信息和选择分类算法。非监督分类也被称作聚类或点群分析，使用某些规则和算法利用影像的自相似性进行聚类，将相似的像元聚成一类。监督分类不需要训练样本，由计算机算法依据某些规则自动聚类。监督分类、非监督分类及两者相结合的分类也叫作半监督分类，利用少量的训练样本，通过学习训练样本获取知识，结合样本的实际分布情况逐步修正已有知识，最终实现所有样本的分类。

依据分类单元的不同，可分为像素级分类和面向对象分类。前者是以单个像素为最小分类单元；后者则以图斑为最小的分类单元。在对高空间分辨率遥感影像进行分类时，由于细节信息很丰富，像素级分类会产生椒盐效应，不利于空间分析。而面向对象分类是先将像素依据自相似性分割为一个个图斑，再对图斑进行分类，能有效抑制椒盐效应，提高分类的总体精度。

2.2.2 微波遥感数据的获取与处理

1. 微波图像的校准与定标

雷达图像是由地物目标回波强度用灰度来表示的一种形式。它在成像过程中也会受到外部的干扰和传感器本身的性能影响，导致收到的信号不准确，因此需要同光学影像的辐射定标一样，做一些处理从而降低误差，包括雷达回波的校准、图像定标、图像模拟及辐射计的校准和定标。

雷达图像形成的过程会受到地物散射影响及雷达系统性能的影响，因此辐射校准包括雷达系统内部的校准和外部的绝对校准。其中内部校准能克服信号传递过程中的系统误差，通过标定的发射功率来测试发射接收系统的传输函数，一般在已知天线增益和方向图但不能利用已知散射截面的标准地物进行校准的情况下，通过内部校准可计算出散射强度的绝对值。而外部校准可解决回波测量中的随机误差，是通过获得已知散射截面的地面目标信号进行的。校准之后就可建立图像灰度和地物目标散射回波的对应关系。

雷达图像的定标就是确定灰度与标准雷达散射截面的关系。定标后即可由图像灰度计算地物目标回波的绝对值，可进行定量分析。雷达系统的输入输出分别是回波功率和图像灰度，输入量与输出量之间的关系称为传递函数，只有确定该传递函数才能进行定量分析。定标的过程就是确定这一传递函数的过程。但要确定这个函数，必须测出每个分系统的传递函数，然后将各分系统的传递函数相乘作为系统整体的传递函数。

辐射计校准和定标的目的是确定辐射计输出电压和数据与地物亮度温度间的

定量关系，主要包括天线校准和接收机校准。前者就是确定天线输出端温度与地物亮度间的关系，而后者是确定接收机输入端温度与接收机输出的关系（舒宁，2003）。

2. 微波图像几何校正

由于雷达图像成图原理，图像会受到斜距投影变形、外方位元素变化、地形起伏、地球曲率、大气折射、地球自转等影响产生几何变形。传统的几何校正方法有多项式几何校正法、利用模拟图像的几何校正法及利用构像方程的几何校正法。

一般在精度要求不高、地形起伏不大的地区多采用多项式几何校正法。该方法简单易操作，在实际地形高差不大的情况下较方便。如果具有该地区数字高程模型，按照雷达构像原理生产无畸变的图像，就可利用这一模拟图像与实际图像之间的对应关系进行几何校正。首先分别在实际图像和模拟图像上选取相应的控制点，然后采用多项式内插法作图像配准，最后完成实际图像的几何校正。

利用构像方程的几何校正，考虑了实际地物点的高程信息，可消除地形起伏引起的图像几何畸变和投影差，不足就是计算量大，硬件要求高。其处理过程大致为，首先建立基于地心直角坐标系的构像方程，解算独立参数，最后进行错点校正（舒宁，2003）。此外，有学者在传统方法的基础上做了改进和创新，如魏雪云等（2010）在基于距离-多普勒模型的基础上提出了改进的距离-多普勒模型解算算法，构建了新的牛顿迭代核，计算简单速度快。总之，几何校正算法有很多种，不同方法有不同的优缺点，在实际处理过程中可根据实际情况选择最合适的算法。

3. 滤波算法

雷达图像中相干斑噪声会降低图像的质量，从而影响图像的解译和后续处理。因此，相干斑的滤波技术是应用的重要课题之一。其主要目的是在不损失图像信息成分的前提下去除噪声。理想的空间域滤波器既要自适应平滑斑点噪声又要保持边缘特征，还要保留纹理信息。传统的滤波算法主要有均值滤波、中值滤波等。均值滤波是将滑动窗口内所有像素值的平均值作为中心像元像素值，该方法有较好的抑制噪声的能力，但其会把边缘信息平滑掉，导致边缘模糊。而中值滤波是将滑动窗口内的像素值排序，取滤波窗口内所有像素中值作为窗内中心像素的滤波值，该方法可去除孤立噪声点，但也存在边缘模糊和形状扭曲的问题。两种方法计算简单，速度快，但都有细节保持不好的缺点。

此外还有基于局域统计特性的自适应滤波算法。该算法就是在图像上取一个滑动窗口，以窗内所有像素值作为滤波器的输入值进行处理，处理后的结果作为中心像素的滤波值，但具体在滑动窗口里的运算就是研究的核心内容。该方法需满足如下条件才能适合于SAR图像的处理：首先对确知信号的统计模型不做要求，其次要达到保留边缘加强细节的目的，再次要有很好的斑点抑制效果，最后要求算法要高效。该方法的典型代表有Lee滤波和Frost滤波（孙家抦，2013）。前者是在完全发育的斑点乘性噪声模型的基础上，假设均质区内计算局域的均值和方差作为先验均值和方差。该算法计算简单，只需知道噪声的先验均值和方差就可用此方法进行滤波，其不足是随着窗口的增大会使图像边缘模糊，并可能产生一些人造目标。而后者是假设斑点噪声是乘性噪声模型，并且图像是平稳过程的条件下进行的滤波处理。它可保持边缘结构而对边缘区域平滑较少。该方法对均质区域是合适的，但对异质区域就不适合。

2.2.3　其他数据的处理

其他数据包括行业专题数据、地面站点获取的实测数据、社会经济等统计数据。处理的主要目标是将其变成与地理坐标相关的数据，然后形成网格化的栅格数据，方便对其与其他地理信息数据进行联合分析。

这些数据的处理一般包括以下步骤：

(1)利用数据提供方的 API 接口对数据进行预处理。由于遥感地理信息行业是一个交叉的行业，涉及很多不同的专业，获取的数据格式可能各种各样。因此，在获取数据时需要利用数据提供方提供的 API 接口对数据进行预处理，变成标准的遥感地理信息软件可以处理的数据格式，以便后期的读取和利用。例如利用开放的众源地理数据网站所提供的 API 接口，如 Google Map API、Google Earth API、街旁 OpenAPI、Facebook API 等，在网站提供的权限范围内，可实现所选区域数据的直接读取。也可以利用网络爬虫技术设计专用的网页分析算法，从互联网上搜索并下载卫星定位路线数据、矢量地图数据等。

(2)数据规范化与转换。由于数据的复杂性，我们获取的众源地理数据具有多源异构性，其存储格式多样、时间版本不一、坐标体系相异。合理有效地利用众源地理数据需要对其数据格式进行分析，利用文本解析、空间数据引擎等技术将众源地理数据转换为具有统一存储格式、坐标体系及概念体系的空间数据，并建立相应的众源大数据表达规范。

(3)数据空间化，需要将点状的数据展到地图上形成面状的栅格数据，一般采用地统计学的插值算法，如克里金插值法。

(4)数据存储与入库，利用统一的格式组织、存储数据，并入库。将众源地理数据按统一规范转换后，将其导入空间数据库中进行存储和管理。

以上步骤中，最主要的步骤是数据空间化，主要采用克里金插值法，下面做一些简单介绍。

克里金(Kriging)插值方法是由南非采矿工程师克里格(D. G. Krige)于 1951 年首次提出，并以其名字命名的空间插值方法，后经过几十年的发展，该空间插值方法不仅应用于采矿领域，而且广泛应用于地学的各个领域，成为地学统计的主要内容之一。从统计意义上来说，克里金插值是从变量相关性和变异性出发，在有限区域内对区域化变量的取值进行无偏、最优估计的一种方法；从插值角度讲是对空间分布的数据求线性最优、无偏内插估计的一种方法。克里金法的适用条件是区域化变量存在空间相关性。

假设在研究区域 A 内研究变量 $Z(x)$，在点 $x_i \in A(i=1,2,\cdots,n)$ 处属性值为 $Z(x_i)$，则待插点 $x_0 \in A$ 处的属性值 $Z(x_0)$ 的克里金插值结果 $Z^*(x_0)$ 是已知采样点属性值 $Z(x_i)(i=1,2,\cdots,n)$ 的加权和，如式(2.4)所示，即

$$Z^*(x_0)=\sum_{i=1}^{n}\lambda_i Z(x_i) \tag{2.4}$$

式中，$Z^*(x_0)$ 为待插点的值，$Z(x_i)$ 为待插点周围的已知样本点的值，λ_i 为第 i 个已知样本点对未知样点的权重，n 为已知样本点的个数，λ_i 是克里金待定权重系数。$Z(x_i)$ 之间存在一定的相关关系，这种相关性除与距离有关外，还与其相对方向变化有关。

针对克里金方法无偏、最小方差条件可得到无偏条件待定权系数 $\lambda_i(i=1,2,\cdots,n)$ 满足式(2.5)，即

$$\sum_{i=1}^{n}\lambda_i=1 \tag{2.5}$$

以无偏为前提，克里金方差为最小可得到求解待定权系数 λ_i 的方程组，如式(2.6)所示，即

$$\left.\begin{aligned}&\sum_{i=1}^{n}\lambda_i C(x_i,x_j)+\mu=C(x_0,x_j)\quad(j=1,2,\cdots,n)\\&\sum_{i=1}^{n}\lambda_i=1\end{aligned}\right\} \tag{2.6}$$

式中，$C(x_i,x_j)$ 是 $Z(x_i)$ 和 $Z(x_j)$ 的协方差函数，μ 为估计参数。

用克里金方法进行插值的主要步骤如下(图 2.2)：

(1)导入已知的采样点，对这些采样点进行分析，看样本集是否服从正态分布，对不服从正态分布的样本集进行变换，使其服从正态分布。同时对数据的趋势性进行判断，若存在明显趋势时，采用泛克里金方法处理，对不存在明显趋势的数据，依据数据情况选择普通克里金(ordinary Kriging)、简单克里金(simple Kriging)、协同克里金(co-Kriging)、对数正态克里金(logistic normal Kriging)等其中一种方法进行处理。

(2)建立变异函数。首先计算样本点间的距离矩阵，获取它们之间的属性方差矩阵。在此基础上按照距离分组，统计不同组别的平均距离和方差，并绘制方差变异云图，拟合半变异函数图。

(3)求解克里金系数 λ_i。选择离待估点最近的 n 个样本点，依据变异函数可以

建立 n 个方差，求解方程组的系数即可得到克里金系数 λ_i。

(4)根据求出的权重值 λ_i，代入式(2.6)，即可求得评估领域内 n 个采样值的线性组合。

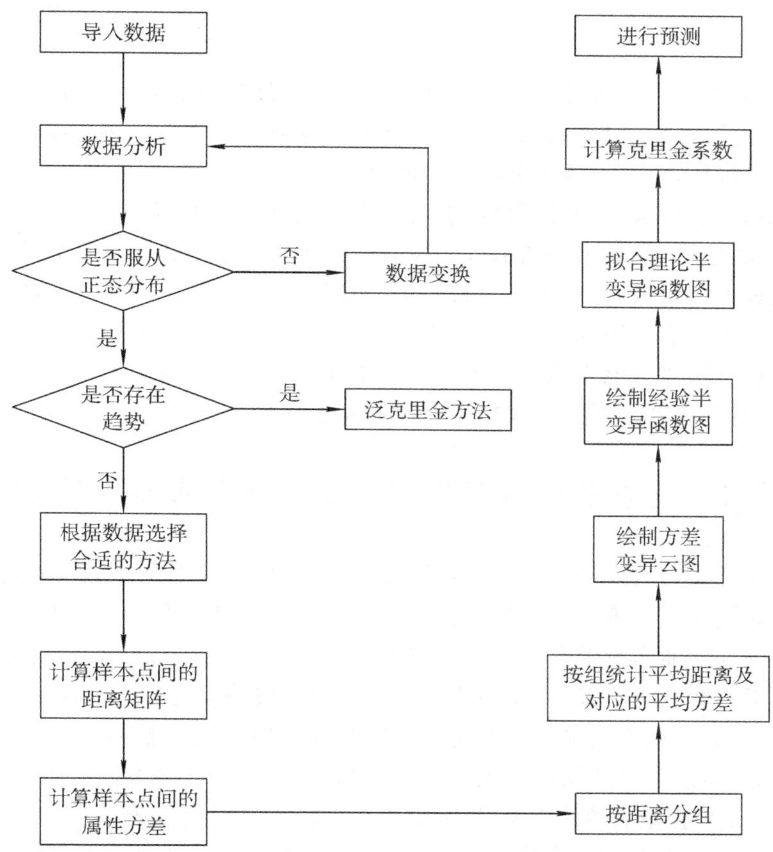

图 2.2　克里金方法流程(孟俊贞，2009)

第3章　多源遥感反演地表土壤水分的原理与方法

目前，人们多利用光学与微波遥感来反演地表土壤水分。光学遥感反演地表土壤水分的原理主要是利用含水量不同的土壤对遥感光谱的响应不同来实现对土壤水分的提取，是对土壤水分的一个间接描述。主要方法有热惯量法、植被指数法、温度指数法、植被-温度指数空间、作物缺水指数、高光谱法，还有一些其他方法，如云参数法、归一化水分指数等。微波遥感主要利用电磁波与地表的相互作用来反演地表土壤水分，微波由于波长较长，能穿云透雾，不受天气影响，越来越受人们的重视。不考虑系统参数的影响，雷达后向散射系数主要受到地表植被覆盖、地表粗糙度和土壤复介电常数的影响，在通过地表观测获取地表植被覆盖参数、地表粗糙度参数后，就能通过反演模型获取地表土壤水分。

3.1　光学遥感反演地表土壤水分的原理和方法

光学遥感是目前发展最为成熟，各种方法模型探讨最为充分的一种遥感手段，能非常直观地获取地表大量的光谱信息。在地表土壤水分信息提取时，虽然土壤水分含量的变化能影响地表土壤反射率的变化，但是这种变化很难定量描述，同时受其他因素的影响也较多，因此不能直接从地表土壤的反射光谱中提取土壤水分。然而，人们研究发现土壤水分的变化能较明显地影响地表的植被长势、温度变化、蒸散发量等；而这些参数能通过光学遥感较精确地获取，于是人们通过地物反射辐射特征变化来模拟地表覆盖类型、地表温度、土壤热惯量、地表蒸散发与土壤含水量之间的经验关系(各种植被指数模型、温度指数模型、热惯量模型、蒸散发模型等)，从而实现土壤水分的反演。目前主流的光学遥感反演方法主要分为以下几类。

3.1.1　热惯量法

热惯量是土壤的一种热特性，是引起土壤表层温度变化的重要因素，并且影响土壤温度日较差的大小。同时由于水分有较大的热容量和热传导率，使较湿的土壤具有较大的热惯量，因此土壤水分与土壤热惯量间有重要的联系。有研究表明：土壤含水量高，土壤的热惯量大，则土壤的温度变化幅度小；土壤干燥缺水，则土壤的热惯量小，土壤的温度变化大。土壤热惯量可表示为式(3.1)，即

$$P=\sqrt{\lambda\rho c} \tag{3.1}$$

式中，P 为热惯量，λ 为热导率，ρ 为土壤密度，c 为比热。

20 世纪 70 年代起，随着可见光-红外传感器的发展，热红外遥感技术开始应用于土壤热惯量的研究。Watson 等(1971，1974)最早提出从地面温度日较差推算热惯量的简单模型后，前人对热惯量法展开了探讨研究。1978 年热容量制图卫星(HCMM)发射成功，随后具有较高分辨率的 NOAA 系列气象卫星相继投入使用，推动了土壤水分遥感监测方法的研究。Kahle(1977)在热惯量平衡方程中考虑了显热和潜热通量，对土壤热惯量模式进行了改进。Price(1977)简化了潜热通量蒸发的形式，并引入一个地表综合参量 B(B 为土壤辐射率、比湿及温度等气象要素的函数)，并推导得到热惯量 P 与 B 存在关系式(3.2)和关系式(3.3)，即

$$P=\frac{2S_0\tau(1-A)C_1}{(T_{\max}-T_{\min})\sqrt{w}}-\frac{1.3B}{\sqrt{w}} \tag{3.2}$$

$$C_1=\left(\frac{1}{\pi}\right)\left[\sin\theta\sin\Phi(1-\tan^2\theta\tan^2\Phi)^{1/2}\arccos(-\tan\theta\tan\Phi)\right] \tag{3.3}$$

式中，S_0 是太阳常数，τ 大气透过率，A 是地面反照率，w 是地球的自转频率，B 是地表综合参数，$T_{\max}$、$T_{\min}$ 分别对应一天中地表温度最高和最低的时刻的温度，θ 是纬度，Φ 是太阳赤纬。

由于影响 B 的因素很多，利用式(3.2)求得 P 并不容易，于是 Price 于 1985 年提出了表观热惯量(apparent thermal inertia, ATI)，如式(3.4)(Price，1985)所示，即

$$ATI=\frac{2S_0\tau(1-A)C_1}{w^{\frac{1}{2}}(T_{\max}-T_{\min})} \tag{3.4}$$

当不考虑测量地的纬度、太阳赤纬、日照时数和日地距离时，式(3.4)可以简化为式(3.5)，即

$$ATI=\frac{(1-A)}{\Delta T} \tag{3.5}$$

式中，ΔT 为昼夜温差，其值为 $T_{\max}-T_{\min}$。

有了表观热惯量(ATI)后，常用线性经验公式计算土壤水分 W，如式(3.6)所示，即

$$W=a\times ATI+b \tag{3.6}$$

当然，也可采用幂函数、指数函数等非线性经验公式来反演地表土壤水分。

近来有的学者(Willem，2006)利用时间序列的表观热惯量来求解土壤水分，也取得了良好的效果。该方法中，定义 t 时刻的土壤饱和指数(soil moisture saturation index, SMSI)如式(3.7)所示，即

$$SMSI(t)=\frac{\theta(t)-\theta_{res}}{\theta_{sat}-\theta_{res}} \tag{3.7}$$

式中，$\theta(t)$ 为 t 时刻的土壤体积含水量，θ_{sat} 为饱和土壤水分含量，θ_{res} 为土壤萎蔫

点含水量。

对于遥感手段测得的 ATI 也与 SSMI 存在以下关系式(3.8),即

$$SMSI_0(t)=\frac{ATI(t)-ATI_{min}}{ATI_{max}-ATI_{min}} \tag{3.8}$$

式中,$ATI(t)$ 为 t 时刻的土壤表观热惯量,ATI_{max} 和 ATI_{min} 分别对应一段时间内的最大表观热惯量和最小表观热惯量。

当 $SMSI_0$ 和 $SMSI$ 相等时,即可以联立式(3.7) 和式(3.8),得到土壤体积含水量 $\theta(t)$ 与 ATI 的关系式(3.9),即

$$\theta(t)=\frac{ATI(t)-ATI_{min}}{ATI_{max}-ATI_{min}}\cdot(\theta_{sat}-\theta_{res})+\theta_{res} \tag{3.9}$$

该方法需要一个较长的时间序列,这样才能取得良好的精度,这限制了它的应用。

Price(1977,1982,1985)通过系统的研究,阐述了热惯量的遥感成像原理,提出了表观热惯量的概念,从而使采用卫星提供的可见光-近红外反射率和热红外辐射温度差计算热惯量并估算出土壤水分成为可能。England 等(1992)提出了辐亮度热惯量(radio brightness thermal inertia,RTI)的概念,并认为 RTI 对土壤水分的敏感性要好于 ATI。

国内开展土壤水分遥感监测试验研究比国外晚大约十年以上,大体上从 20 世纪 80 年代中期的"七五"期间才开始起步。张向前等(1986)对经典的热传导方程给予一个简单的温度周期函数为边界值来求解热惯量,并用航空摄影数据制作了国内第一张热惯量图。隋洪智等(1990)通过简化能量平衡方程,直接使用卫星资料推算出一个表观热惯量,并以此量和土壤水分建立关系式来监测旱情。马蔼乃等(1990)用 NOAA/AVHRR 数据根据表观热惯量推导出真实热惯量,并利用与土壤含水量的关系计算出裸土的土壤含水量,其使用的是复合指数模型。张仁华(1991)在热惯量模式的改进方面提出了一个现实的可以克服显热的、潜热输送干扰的、适用于裸地的热惯量模式,提高了表观热惯量估算的精度。李杏朝(1996)、陈怀亮(1998)在地理信息系统支持下利用表观热惯量模型时,对不同类型的地理样本或者不同质地的土壤进行大量的实验,消除了土壤质地的影响,提高了监测精度。余涛等(1997)在 Price 工作的基础上通过改进求解土壤表层热惯量的方法,考虑了地表显热和潜热因子,直接从遥感图像上得到真实热惯量,在实验的基础上确定相关参量间的关系,从而实现反演监测土壤水分含量分布的目的。张可慧等(2002)构造了不同深度土壤含水量和 NOAA/AVHRR 的不同模型并对精度进行了比较分析,建立了适合河北广大地区的土壤水分遥感模型。刘振华等(2006)考虑植被因素的影响,将热惯量模型的应用从裸土扩展到植被覆盖区,在植被覆盖区域使用双层模型中的土壤能量平衡方程,同时在热传导的边界条件中引入显热通

量和潜热通量,通过利用一日中的最大地表温度来计算热惯量。

3.1.2 植被指数法

在有植被的地区,土壤中含水量的多少直接关系到土壤上植被覆盖的生长状况。对于同一种植被来说,在同等条件下,土壤供水充足则生长茂盛,反之则会出现脱水而病变的情况,从而导致植被冠层光谱信息的改变,进而表现出植被指数的变化。因此,通过植被指数可以间接反演土壤水分的状况。一般来说,土壤水分与植被指数之间呈正相关,尤其在干旱-半干旱地区,土壤水分对植被生长起决定控制作用,因而可以利用植被指数法间接估算土壤水分。

1. 归一化植被指数

随着地区与遥感数据源的不同,反映植被生长状况的植被指数有很多种,其中应用最为广泛的是归一化植被指数(NDVI),其定义为式(3.10),即

$$NDVI = (\rho_{NIR} - \rho_{RED})/(\rho_{NIR} + \rho_{RED}) \tag{3.10}$$

式中,ρ_{NIR} 和 ρ_{RED} 分别为近红外和可见光红波段的反射率。

Prout 等(1984)用 NOAA/AVHRR 数据的 NDVI 与气象资料预报加拿大东部地区的农田干旱,准确地预报了 1985 年的干旱对农业严重的影响。Kogan(1990)发现一个地区的 NDVI 受气候状况、土地类型、植被类型及地形条件等的影响,海拔高的地方 NDVI 值相对较高,因此加入地形地貌因素和气象因子能使监测结果更准确。毛学森等(2002)对冬小麦 NDVI 变化与水分胁迫的关系研究表明,NDVI 对土壤水分的反应具有滞后性。但由于 NDVI 的计算受许多因素影响,除了植被长势外,还有土壤背景、大气状况、地形、光照条件、传感器性能(波段宽度,中心波长)等。也就是说,NDVI 与土壤供水状况之间不是一一对应的关系,因此直接用 NDVI 来监测干旱会带来较大误差。为了克服这些不足,人们又逐步引入了距平植被指数、条件植被指数等。

2. 距平植被指数

距平植被指数(anomaly vegetation index,AVI)作为监测农业干旱的一种量度,以研究区多年的每旬、每月 NDVI 的平均值为背景值,利用当年的每旬、每月的 NDVI 值减去背景值得到植被指数的距平。正距平表示植被生长较一般年份好,负距平表示植被生长较一般年份差。采用 NDVI 计算的距平植被指数(AVI)表示为式(3.11),即

$$AVI = NDVI - NDVI_{ave} \tag{3.11}$$

式中,$NDVI$ 为研究区某一特定时段(旬、月等)的植被指数值;$NDVI_{ave}$ 为研究区多年该时段植被指数的平均值。普布次仁(1995)对我国华北、西南地区 6 个站的 0~50 cm 平均土壤绝对湿度的累积值与 NDVI 进行了相关分析,并发现在生长中期,累积或最大 NDVI 与平均土壤绝对湿度的累积值之间存在较明显的非线性关

系。陈维英等(1994)引入距平植被指数监测我国 1992 年特大干旱取得了较好效果,认为采用距平植被指数监测农作物干旱比只用 NDVI 的瞬时值优越。周咏梅(1998)利用 AVI 与干旱指数建立了干旱区和干旱等级的方法,并评估了 1995 年青海省牧区草场旱情,其与农业气象旬报的旱情分析吻合较好。

3. 条件植被指数

条件植被指数(vegetation condition index,VCI),反映了不同年份间,植被生长的波动状况,它被定义为式(3.12)(Kogan,1995),即

$$VCI = \frac{NDVI_i - NDVI_{\min}}{NDVI_{\max} - NDVI_{\min}} \times 100\% \tag{3.12}$$

式中,$NDVI_i$ 为某一特定年份第 i 个时期的 $NDVI$,$NDVI_{\max}$、$NDVI_{\min}$ 分别对应所有研究年限的 $NDVI$ 最大、最小值。由公式来看,如果获取某一区域的遥感影像年份足够多的话,$NDVI_{\max}$、$NDVI_{\min}$ 能够反映出该区域研究年限内的极端气候环境,即湿润和干旱。VCI 越小,$NDVI_i$ 越接近于 $NDVI_{\min}$,表明该时期内作物长势差,干旱严重;VCI 越大,$NDVI_i$ 越接近于 $NDVI_{\max}$,表明作物长势良好,土壤湿润。

蔡斌等(1995)采用多年 NOAA/AVHRR 数据,以 VCI 结合降水数据对我国 1991 年的干旱情况进行了研究,结果表明该方法可以进行宏观动态监测。Liu 等(1996)发现应用 VCI 动态地监测干旱地范围及其边界比应用其他方法(如 NDVI 和降水量)要更加有效和实用,尤其适用于估算区域级的干旱程度。Kogan(1997)针对美国周边地区的多年生植被,定义当 VCI 低于 35%时,发现 VCI 与地面观测到的降水量有很好的对应关系。

4. 垂直植被指数

植物叶片组织对红光(RED)有着强烈的吸收,对近红外(NIR)有着强烈反射。垂直植被指数(perpendicular drought index, PDI)是用遥感数据构建 NIR-RED 的特征空间散点图,该散点图呈典型的三角形分布,如图 3.1 所示。

图 3.1 中线段 BC 为土壤基线,由 B 至 C 土壤渐干,L 为过原点作的土壤线的垂线,则从任意一点 E 到直线 L 的距离 EF 可以说明地表的干旱状况,EF 可表达为式 (3.13)(詹志明 等,2006),即

$$EF = \frac{1}{\sqrt{K^2 + 1}}(R_{\mathrm{RED}} + KR_{\mathrm{NIR}}) \tag{3.13}$$

式中,K 为土壤线的斜率,R_{RED}、R_{NIR} 分别为红波段和近红外的反射率。

对黑体来说,EF 为 0,正好落在坐标原点,对其余非黑体,则越湿润越接近原点。即 EF 越大则地表越干旱;EF 越小则地表越湿润。假设地表极干旱,则 EF 无穷接近于 1,土壤水分接近于 0;若地表极湿润或者是水体,则 EF 接近于 0,土壤水分就接近于 1。这样通过 1 减去 EF 的值就可以建立起一个基于 NIR-RED 光谱

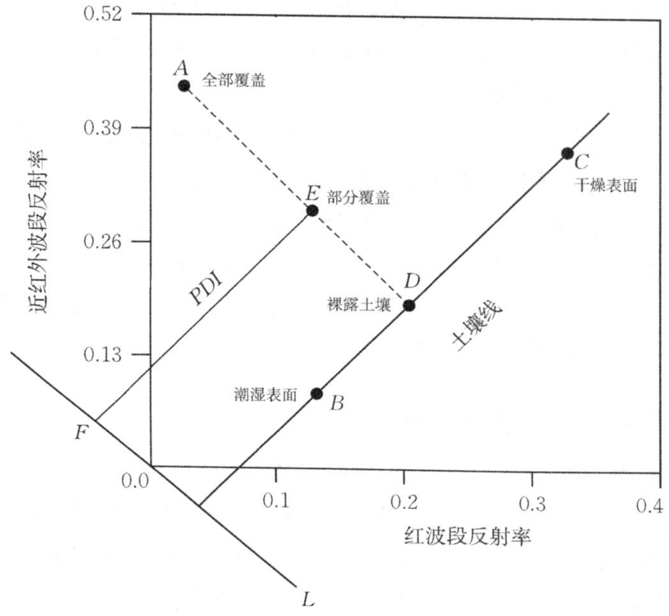

图 3.1 PDI 原理(詹志明 等,2006)

空间特征的土壤水分监测模型(soil moisture monitoring by remote sensing, SMMRS),如式(3.14)所示(詹志明 等,2006),即

$$SMMRS = 1 - \frac{1}{\sqrt{K^2 + 1}}(R_{\mathrm{RED}} + KR_{\mathrm{NIR}}) \tag{3.14}$$

Abduwasit 等(2007)使用该方法对北京顺义地区进行了土壤水分监测,取得了非常好的效果。相较于传统植被指数方法,PDI 对地表覆盖类型、水热组合及气候的动态变化都比较敏感,物理意义明确,没有传统植被指数监测干旱中的滞后问题。

3.1.3 温度指数法

地表温度与土壤水分相关的研究很早就开始了,Jackson(1982)曾经综述过这方面研究的早期进展。早期的研究主要是观察作物在不同水分状况下的冠层温度变化特征,并根据冠层温度的变化特征与农田的含水量或作物生理变化的比较来建立反映作物缺水的指标,这些指标主要有胁迫积温 (stress degree day, SDD)、冠层温度变率 (canopy temperature variability,CTV)和温度胁迫日 (temperature stress day, TSD)等(袁国富 等,2000)。目前应用较多的是归一化温度指数(normalized difference temperature index,NDTI),其定义可表达为式(3.15),即

$$NDTI = \frac{T_{\infty} - T_s}{T_{\infty} - T_0} \tag{3.15}$$

式中，T_{∞} 为假设表面阻抗无穷大，即实际蒸散量为 0 的时候，表面温度的模拟值；T_0 为假设表面阻抗等于 0，即实际蒸散量等于潜在蒸散量时，表面温度的模拟值；T_s 为当前的表面温度模拟值。

T_{∞} 和 T_0 被认为是在特定气象条件和地表阻抗下的地表温度的物理上限和下限，由它们定义了遥感数据获取得到地表温度的变化范围。当 T_s 接近 T_0 时，$NDTI$ 表明地表是湿润的；反之，地表则处于干旱状态。但是 T_{∞} 和 T_0 的获取需要大量地面气象数据（卫星过境时的气温、太阳辐射、相对湿度、风速等）的支持，因而使得模型难以被实际应用。它的优点在于从水平衡的角度来探测土壤水分的供应状况，适时性好，不存在植被指数的滞后问题（王昌左，2004）。

3.1.4 蒸散与作物缺水指数法

作物缺水指数（crop water stress index，CWSI）最初被提出主要是建立在能量平衡基础上，是以植物叶冠表面温度和周围空气温度的测量值，以及太阳净辐射的估算值计算的，实质上可以反映出植物蒸腾与最大可能蒸发的比值。作物缺水指数 $CWSI$ 定义如式（3.16）所示（Jackson et al，1981），即

$$CWSI = 1 - E/Ep \tag{3.16}$$

式中，$CWSI$ 为作物缺水指数，E 为实际蒸散，Ep 为潜在蒸散。

由于蒸散作用与能量和土壤水分密切相关，当能量较高，土壤水分供给充足时，蒸散作用强，冠层温度低，$CWSI$ 值较小；反之，土壤水分不足时，蒸散作用弱，冠层温度高，$CWSI$ 值较大。$CWSI$ 的提出使对作物缺水指标的研究从单纯考虑冠层温度发展到考虑冠层与大气的微气象条件，其理论依据得到加强而被广泛地应用于农业旱灾监测中。

我国学者也对作物缺水指数展开了积极的研究。张仁华（1991）是国内最早研究使用红外遥感信息反映作物缺水状况的学者，通过对 Jackon 的 CWSI 理论模式的研究，认为遥感面与作物冠层的饱和水气面不重合，并重新定义了潜在蒸发，建立了一个作物缺水的微气象模式。陈云浩等（2002）改进了蒸散量的计算方法，建立不同地表覆盖条件下的区域缺水模型，实现了利用遥感数据对我国北方缺水状况的快速宏观监测。申广荣等（2000）以地理信息系统为工具实现图像、图形、数据一体化处理，用 CWSI 实现了黄淮海平原旱情监测。

宋小宁等（2006）选择内蒙古不同退化程度的草场为研究对象，通过建立基于亚象元尺度的双层蒸散模型，成功计算了区域尺度的 CWSI，并引入了植被冠层水分综合指数（vegetation canopy water moisture index，VCWMI），结合地面实测土壤水分含量，利用遗传算法迭代出土壤水分含量 m_v 与 $CWSI$、$VCWMI$ 的非线性关系（式 3.17），将土壤水分反演的精度控制在 2.78%以内。

$$CWSI = \frac{5.3863}{9 - m_v \cdot (1 - f) - VCWMI \cdot f} \tag{3.17}$$

式中，m_v 为地表土壤水分含量，f 为经验系数。

辛晓洲等(2007)提出一个土壤水分变化过程对土壤蒸发、植被蒸腾及土壤温度、叶片温度的影响存在较明显差异的假设，利用双层能量平衡模型推导出三个水分特征点(湿润、干旱和由湿到干的转折点)的组分温度差(土壤温度减去叶片温度)公式，利用特征点的辐射温度和实际测量的红外温度间的关系来计算实际显热和潜热通量。该方法在分解植被蒸腾、土壤蒸发及监测表层土壤和根区土壤旱情方面有很大的潜力。

3.1.5 植被-温度空间法

植被指数与地面温度是描述土地覆盖类型特征的两个重要参数，与土壤水分含量密切相关，两种数据的合理融合能使地表信息更加丰富，更有利于反映土壤的水分状况。对于植被-温度空间(Ts-NDVI space)指数，Lambin 等(1996)曾从蒸腾、蒸发及植被覆盖度关系的角度，给予确切的解释。以植被指数(如 NDVI)为横坐标，代表植被的覆盖变化；以地面温度为纵坐标，代表在同一植被覆盖度下，由于土壤湿度不同造成的温度差异。Ts-NDVI 空间，如图 3.2 所示。

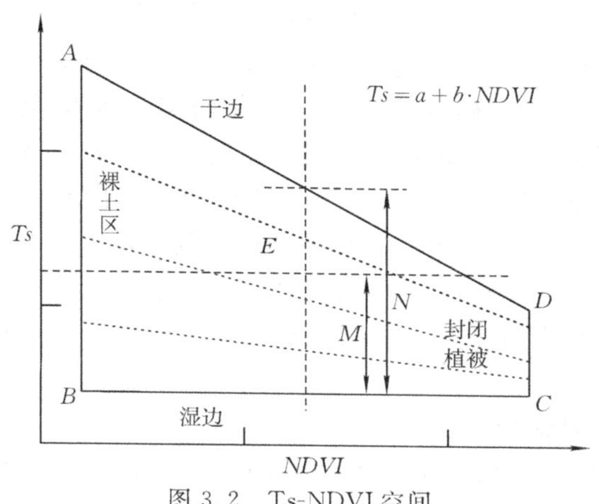

图 3.2　Ts-NDVI 空间

在 Ts-NDVI 空间中，一般散点分布成梯形或者三角形。从左至右，随着 NDVI 的增大，地表渐进由裸露土壤到密闭植被，从下到上代表温度逐渐升高，土壤水分蒸发、蒸腾减少，土壤水分逐渐减少。A 点代表干裸土(无植被覆盖，高温)，D 点代表蒸腾阻抗高的密闭植被冠层，是土壤供水不足的象征。A 到 D 由于植被的遮蔽影响，温度下降。B 点代表湿裸土(无植被覆盖，温度较低)，C 点代表蒸腾阻抗低的封闭植被冠层，是土壤供水充足的象征。因此，特征空间的上边界 AD 是干旱条件的低蒸散线，下边界 BC 代表湿润条件下的潜在蒸发线。目前利用 Ts-NDVI 空间建立的土壤水分监测模型主要有植被供水指数、温度植被干旱指数、条件植被温度指数和水分亏缺指数。

1. 植被供水指数

植被供水指数(vegetation supply water index，VSWI)是一种简单的干旱监测模型，其定义为(Kogan，1995)

$$VSWI = B \cdot \frac{NDVI}{Ts} \tag{3.18}$$

式中，B 为图像增强系数。

当作物供水正常时，遥感得到的植被指数在一定生长期内保持在一定的范围，作物冠层温度也保持在一定范围；当作物供水不足时，作物生长会受到影响，从而导致植被指数降低，同时作物吸收的水分不足，作物没有足够的水分供给叶子表面的蒸腾，叶片的气孔将自动关闭，气孔阻力增大，蒸腾减小，导致叶面温度增加，作物冠层温度升高。因此，利用植被指数和冠层温度可以在一定程度上反映植被生长季的干旱状况。

Goetz(2000)证实由于植被覆盖变化和土壤水分的变化，Ts 和 NDVI 在数种空间尺度下均存在着负相关关系。McVicar 等(1992)发现在干旱发生期间 VSWI 增加，VSWI 的年累计量与年降水量的倒数呈显著相关关系，并将其用于干旱监测和食物缺乏评估。刘丽等(1998)应用 NOAA/AVHRR 数据的 1、2、4 通道对贵州省进行了 VSWI 干旱监测，确定了干旱面积，并与实测地面旱情数据做了比较，建立了 VSWI 与地面干旱指数的回归方程。梁芸等(2007)利用 MODIS 数据计算 VSWI，并结合庆阳市土壤湿度资料拟合出了 VSWI 与土壤湿度的回归关系，并对 2005 年庆阳地区的春旱进行动态监测，监测得到的土壤湿度与实测土壤熵值基本吻合。杨丽萍等(2008)利用 FY-1D/AVHRR 数据实现了 VSWI 方法在内蒙古地区干旱监测中的应用，结果表明 VSWI 非常适合于内蒙古地区植被生长季的干旱监测。

2. 温度植被干旱指数

Sandholt 等(2002)利用简化的 Ts-NDVI 特征空间提出了温度植被干旱指数(temperature vegetation drought index，TVDI)概念，可表示为式(3.19)，即

$$TVDI = \frac{Ts - Ts_{\min}}{Ts_{\max} - Ts_{\min}} \tag{3.19}$$

式中，$Ts_{\min}$ 为 NDVI 对应的最低表面温度，对应着 Ts-NDVI 特征空间的湿边；$Ts_{\max}$ 为 NDVI 对应的最高表面温度，对应着 Ts-NDVI 特征空间的干边。从图 3.2 中可以直观地看到，E 点的 $TVDI$ 实际就是线段 M 与线段 N 的长度之比。TDVI 值越大，土壤含水量就越接近于萎蔫含水量，土壤就越干旱；反之，土壤就越

湿润。TVDI 简化了 Ts-NDVI 三角形、梯形特征空间，仅使用遥感数据就可以进行大范围的土壤水分监测，不需要其他的辅助数据。但是构筑 Ts-NDVI 特征空间的遥感影像必须覆盖足够的范围，使得特征空间在地表植被覆盖度的变化上，有由裸土到封闭植被的变化，在地表水分状况上有由干到湿的特征，这样确定的特征空间的边界才有代表性。

国内学者在此基础上也做了大量的研究。刘良云等(2002)利用 Ts 与 NDVI 关系进行地物分类，提取了植被覆盖和土壤湿度的信息。齐述华等(2003)利用 AVHRR 数据通过建立 Ts-NDVI 特征空间研究了全国干旱分布。

3. 条件植被温度指数

王鹏新等(2001)在用条件植被指数、条件温度指数和距平植被指数监测年度间相对干旱的基础上，提出了条件植被温度指数(vegetation temperature condition index, VTCI)的概念，其定义可表达为式(3.20)，即

$$VTCI = \frac{LST_{NDVI_i,\max} - LST_{NDVI_i}}{LST_{NDVI_i,\max} - LST_{NDVI_i,\min}} \tag{3.20}$$

式中，$LST_{NDVI_i,\max} = a + bNDVI_i$，$LST_{NDVI_i,\min} = a' + b'NDVI_i$，$LST_{NDVI_i,\max}$、$LST_{NDVI_i,\min}$ 分别表示在研究区内当 $NDVI_i$ 等于某一特定值时的地表温度的最大值和最小值；a、b、a' 和 b' 均为经验系数。

VTCI 既考虑了某一区域内归一化植被指数的变化，又考虑了在归一化植被指数值相同条件下的地表温度变化。但条件植被指数只适用于监测某一特定年内某一特定时期区域级的相对干旱程度，它具有地方专一性和时域专一性的特点。

孙威等(2006)利用 NOAA/AVHRR 数据对陕西关中平原地区进行了干旱监测，并用降水量资料对约五年中五月上旬的干旱监测结果进行验证，结果表明 VTCI 与降水量密切相关，是一种近实时的干旱监测方法。杨鹤松等(2007)应用 MODIS 多时段的数据计算 VTCI，利用 VTCI 对华北平原 2003—2006 年每年五月上旬的干旱进行了检测，并在时间和空间上分析了华北平原的干旱情况。

4. 水分亏缺指数

Moran 等(1994)提出了水分亏缺指数(water deficit index, WDI)，其定义可表达为式(3.21)，即

$$WDI = \frac{\Delta T - \Delta T_{\min}}{\Delta T_{\max} - \Delta T_{\min}} \tag{3.21}$$

式中，ΔT 为某一植被覆盖率下的地气温差，$\Delta T_{\max}$ 为相同植被覆盖下的最大地气温差，$\Delta T_{\min}$ 为相同植被覆盖下的最小地气温差。

WDI 是将地面温度与空气温度的差作为横坐标，以植被指数作为纵坐标，构筑的梯形特征空间的散点图，与 Ts-NDVI 空间最大的不同在于利用地面与空气温度之差来代替地表温度构筑特征空间。WDI 是由作物缺水指数(CWSI)演化而

来,CWSI是以作物冠层能量平衡的单层模型为基础的,单层模型适用于作物覆盖度好的地区,即叶面积指数大于3($LAI>3$),由于没有考虑地面土壤的影响,在作物生长早期和冠层较为稀疏时应用较差。WDI是在能量平衡的双层模型基础上建立的一个新模型,充分考虑了地面土壤在能量交换中的影响,在地面气象数据的支持下,能适用于各种植被覆盖状态下的土壤。

Vidal等(1995)通过航空和卫星遥感数据获取了这种基于冠层温度的缺水指标,发现WDI在大范围反映土壤水分亏缺状况上表现良好,可以为区域旱情的监测和水资源的管理提供依据。Clarke(1997)发现虽然WDI能在区域上较好地反映土壤水分状况,但是在作物灌溉后,其反映滞后,即WDI会在灌溉后3～5天才会降至最小值,作物的这种生理现象在区域尺度上遥感监测作物缺水状况时会导致判断失误。

3.1.6　高光谱法

随着遥感技术的发展,遥感数据的光谱分辨率越来越高,高光谱遥感能提供更多的波段和更窄的波宽,建立的连续反射光谱曲线可以表现出地物的细微变化。有研究表明(Irons et al,1989)土壤水分含量约大于5%时,随土壤水分含量的增加土壤的反射率呈指数下降趋势,两者的关系可以用比尔定律表示如式(3.22)所示,即

$$R_{s\lambda}=R_{0\lambda}e^{-a_{\lambda}m_{v}} \tag{3.22}$$

式中,$R_{s\lambda}$为土壤光谱反射率,$R_{0\lambda}$为理论干土的光谱反射率,a_{λ}为光谱消光系数,m_{v}为土壤含水量。

在太阳光谱范围(400～2 500 nm)的光谱反射信息都能够用于估算土壤表层水分。Stoner等(1981)指出了随土壤水分的增加土壤光谱反射率在整个波长范围内降低,尤其在760 nm、970 nm、1 190 nm、1 450 nm、1 940 nm和2 950 nm等水分吸收波段。Jacquemoud等(1992)在实验室利用SOILSPEC辐射传输模型进行了精确的土壤反射率试验,在450～5 450 nm的范围内,从不同的土壤粗糙度、太阳角度和土壤质地分析讨论了土壤含水量对土壤光谱曲线的影响;同时发现在相同土壤含水量情况下,土壤质地对土壤光谱曲线影响较大。国内学者在此基础上也做了很多研究。刘培君等(1997)引入"光学植被盖度"的概念,利用TM2、3、4波段的光谱亮度来估算,可表达为式(3.23),即

$$C_{0}=\frac{B_{4}-B_{23}-r_{s0}}{B_{V_{4}}-B_{V_{23}}-r_{s0}} \tag{3.23}$$

式中,C_{0}为光学植被盖度,B_{4}为TM4波段的光谱亮度,B_{23}为TM2、3波段的平均光谱亮度,$B_{V_{4}}$是理想的全植被覆盖时TM4波段的光谱亮度,$B_{V_{23}}$为理想的全植被覆盖时TM2、3波段的平均光谱亮度,r_{s0}为一常数,物理意义是裸土的虚生

物量本底。

邓孺孺(2002)利用比尔定律进行了土壤水分遥感和土壤光谱的模拟试验,并在青藏高原地区进行了验证,取得了较好的结果。刘伟东等(2004)通过选择最佳波段运用相对反射率、微分光谱、差分等方法,对土壤水分进行定量反演,取得了比较好的精度。

3.1.7　其他方法

以上是较常用的一些土壤水分监测方法,也有一些学者从别的角度来监测土壤水分并间接反映干旱。刘良明(2004)提出一种基于云参数的干旱监测模型,该模型以某一时间段内的连续最大有云天数、连续最大无云天数、有云百分比(有云天数和总天数的比)为干旱监测的主要参数,寻找它们与地表土壤湿度的内在联系,从而实现了地表的干旱监测。该模型能克服常规手段监测干旱时云遮挡的问题,能客观反映一段时间内地表的干旱状况。后来余凡(2007)考虑到不同纬度和不同季节对云参数造成的影响,对云参数做了一定的修正,并用 FY-2C 数据对2005—2006 年全国的干旱分布状况进行了监测,结果表明该模型比较适合大区域、长时间的干旱监测。

该模型以 MODIS 数据为数据源,综合考虑了以往一些传统的干旱监测因子,如昼夜温差、云指数、归一化植被指数、归一化积雪指数、降水距平指数、灌溉区分类、前期干旱情况等,并根据监测区域和监测时间的需求,将最能反映干旱的因子纳入模型中,力求模型尽可能简单实用。

还有一些其他的算法,如王晓云等(2002)分析了近十年的 NOAA/AVHRR 数据资料,提出能量温度比 K,可定义为式(3.24),即

$$K = \frac{(1-c)}{T} \tag{3.24}$$

式中,c 为 AVHRR 一通道或者二通道的反照率,T 为 AVHRR 三、四或五通道的亮温。

王晓云将能量温度比用于北京地区的干旱监测,按不同的时间(3～5 月,9～11 月)、不同的深度(10、30、50cm)分别建立与土壤水分的回归模型(线性模型和幂函数模型),发现所有模型在秋季的监测结果较好,幂函数形式的回归模型能与表层土壤水分拟合得较好。

归一化水分指数(normalized difference water index, NDWI)(Gao,1996)也是一种反映土壤湿度状况的指标,其定义可表达为式(3.25),即

$$NDWI = \frac{\rho_{(0.86\,\mu m)} - \rho_{(1.24\,\mu m)}}{\rho_{(0.86\,\mu m)} + \rho_{(1.24\,\mu m)}} \tag{3.25}$$

式中,$\rho_{(0.86\,\mu m)}$ 和 $\rho_{(1.24\,\mu m)}$ 分别是波长为 0.86 μm 和 1.24 μm 时的反射率,0.86 μm

和 1.24 μm 两个通道均位于植被冠层的高反射区，但是在 1.24 μm 有植被液态水的弱吸收，在 0.86 μm 被吸收的水可以忽略。由于大气气溶胶的散射作用在 0.86～1.24 μm 很弱，因此 NDWI 能够很灵敏地反映植被冠层水分的含量。

还有一些近年发展的新的土壤水分监测方法就不一一列出了，总的来说，对于光学遥感反演土壤水分，除了热惯量法之外，其他的多为经验模型，缺乏物理机理，通过间接地建立某种遥感易于反演的地表参数与土壤水分的关系来反演土壤水分，存在经验模型固有的缺点。热惯量模型参数过于复杂，而且对土壤的描述参数遥感是无法获取的，在实际中难以应用，但对其参数化和半经验化之后能取得不错的效果。

3.2 SAR 遥感反演地表土壤水分的方法研究

SAR 入射电磁波与地表的相互作用不仅与 SAR 的系统参数，如波长、入射角、极化，还与地表覆盖、地表土壤的形状、介电常数等特征有关。本节首先对地表介电常数、土壤粗糙度等特征与电磁散射的相互作用进行了介绍，然后对目前已有的微波反演地表土壤水分经验模型、理论模型等进行简单的介绍与分析。

3.2.1 电磁学基础理论

为方便理解相干电磁波与地表目标之间的相互作用，以下补充少量电磁学的基础理论知识。

假设在空间位置 $p(x,y,z)$，存在随时间、谐波相关的电磁场，场强为式(3.26)，即

$$\boldsymbol{E}(p,t)=\boldsymbol{E}\cos[\omega t+\psi(p)]\cdot\boldsymbol{r} \tag{3.26}$$

式中，t 代表时间，ω 代表角频率，ψ 代表相位，$\boldsymbol{E}$ 代表电场振幅，$\boldsymbol{r}$ 表示方向矢量。

麦克斯韦方程的微分形式可写作式(3.27)、式(3.28)、式(3.29)、式(3.30)，即

$$\nabla\cdot\boldsymbol{B}=0 \tag{3.27}$$

$$\nabla\cdot\boldsymbol{E}=\frac{\rho}{\varepsilon} \tag{3.28}$$

$$\nabla\times\boldsymbol{E}=-\mathrm{j}\omega\mu\boldsymbol{H} \tag{3.29}$$

$$\nabla\times\boldsymbol{H}=(\sigma+\mathrm{j}\omega\varepsilon)\boldsymbol{E} \tag{3.30}$$

式中，$\nabla\cdot$ 和 $\nabla\times$ 分别代表散度和卷积符号，$\mathrm{j}=\sqrt{-1}$，μ 为介质的磁导率，$\boldsymbol{B}=\mu\boldsymbol{H}$ 为磁感应通量，ρ 为电荷密度，ε 为电容率，σ 为电导率，$\boldsymbol{H}$ 为磁场强度。

利用法拉第法则对式(3.29)求卷积，并代入式(3.30)可得式(3.31)，即

$$\nabla\times(\nabla\times\boldsymbol{E})=-\mathrm{j}\omega\mu(\nabla\times\boldsymbol{H})=-\mathrm{j}\omega\mu(\sigma+\mathrm{j}\omega\varepsilon)\boldsymbol{E}=-\mathrm{j}\omega\mu\sigma\boldsymbol{E}+\omega^2\mu\varepsilon\boldsymbol{E} \tag{3.31}$$

将式(3.31)等号左边 $\nabla\times(\nabla\times\boldsymbol{E})$ 项直接展开卷积，并假设位置 p 距离发射源足够远(即 $\nabla\cdot\boldsymbol{E}=0$)，可得式(3.32)，即

$$\nabla\times(\nabla\times\boldsymbol{E})=\nabla(\nabla\cdot\boldsymbol{E})-\nabla^2\boldsymbol{E}=-\nabla^2\boldsymbol{E} \tag{3.32}$$

对比式(3.31)和式(3.32)可得式(3.33)，即

$$\nabla^2\boldsymbol{E}=\mathrm{j}\omega\mu\sigma\boldsymbol{E}-\omega^2\mu\varepsilon\boldsymbol{E} \tag{3.33}$$

对于自由空间，没有阻抗损失，电导率 σ 为 0。定义波数 $k=\omega\sqrt{\mu\varepsilon}$，式(3.33)化简可得式(3.34)，即

$$\nabla^2\boldsymbol{E}+k^2\boldsymbol{E}=0 \tag{3.34}$$

式(3.34)也被称为自由空间的波动方程。当电磁波在各向同性的介质中传播时，电场方向和磁场方向互相正交，并与传播方向垂直。按法拉第法则可描述为式(3.35)，即

$$H(p)=\frac{k}{\mu\omega}\boldsymbol{r}\times\boldsymbol{E}\cos[\psi(p)] \tag{3.35}$$

1. 极化

在电场的作用下，介质中的正负电荷朝相反的方向移动的现象称为极化现象。对于电磁波，规定电场 E 的振荡方向为极化方向。

2. 散射

当电磁波由一种介质进入另一种介质时，会发生散射现象。一部分能量被散射回原介质，另一部分能量进入新介质。当进入的新介质呈现均一性时，散射只发生在两种介质的交界面，称为面散射现象；当新介质不均一或是不同介电特性的混合物时，一部分已经穿过界面的电磁波还会被散射回原介质，散射不是发生在一个交界面上而是发生在一个体积范围内，因此称为体散射现象。

3.2.2　介电常数

物体被电磁波照射时，会在电磁场的作用下发生极化现象，进而表现出不同的介电特性。各类物质根据其介电特性，大致可以分为三类：导体、电介质材料和磁性材料。从遥感卫星上观测到的绝大部分自然地物都可归于第二类，即电磁波既不能完全传导，也不能完全穿透，也称耗损介质。衡量电介质介电特性的物理量是复介电常数 ε_r，可表达为式(3.36)，即

$$\varepsilon_r=\varepsilon'_r+\mathrm{j}\varepsilon''_r \tag{3.36}$$

复介电常数分为实部 ε'_r 和虚部 ε''_r 两部分：实部为介质电容率(介电常数)，反映介质储存电能的能力，虚部反映电磁波在介质中传播的能量损耗，两者并不完全独立(Woodhouse，2006；Poole，2007)。习惯上人们说的介电常数经常是指相对介电常数，为介质电容率与自由空间电容率的比值。部分介质的相对介电常数值如表 3.1 所示(Naeimi et al，2009)。

表 3.1 部分介质的相对介电常数值

介质	相对介电常数(量纲为1)	介质	相对介电常数(量纲为1)
真空	1.0(定义)	石墨	12.0～15.0
空气	1.000 54	甲醇(25℃)	32.6
干纸	2.0	干木	2.0～6.0
汽油	2.0	湿木	10.0～30.0
煤油	2.1	液态水(40℃)	73.4
重油	3.0	液态水(18℃)	81.1
橡胶	3.0	液态水(0℃)	88.0
钻石	5.5～10.0	硫酸(25℃)	100.0
盐	3.0～15.0		

遥感尺度下的自然地物的相对介电常数通常介于1～100,干燥条件下大部分地物的相对介电常数介于3～8,而液态水具有很强的定向极化能力和很高的相对介电常数。因此各类自然地物的含水量变化都会导致其相对介电常数的剧烈变化,这为我们通过测定物体的介电特性来判定地物含水量提供了理论依据。下面选取几种典型的自然地物作简要介绍,并分析其受含水量变化的影响。

1. 液态水介电常数

液态水因其电荷为非对称分布的分子结构(H_2O 的两个 HO 分子键间存在104.5°的夹角)而具备很强的定向极化能力,并因此具有很高的相对介电常数值(0℃时的纯水的介电常数高达88.0)。液态水的这一介电性质在众多自然地物中独一无二,因此各类自然地物中的含水量多少直接关系到地物相对介电常数的大小,决定着雷达后向散射信号的强弱。反之,通过分析雷达获取的后向散射信号,我们就可以获取自然地物中,如土壤、植被、雪和冰中,含有液态水的状况。

按照 Debye 型弛豫频谱,纯水的复介电常数为式(3.37),即

$$\varepsilon = \varepsilon' + j\varepsilon'' = \varepsilon_{\infty} + \frac{\varepsilon_s - \varepsilon_{\infty}}{1 - j \cdot f/f_0} \tag{3.37}$$

式中,f 为频率,f_0 为弛豫频率(此频率上 ε'' 最大,超过此频率 ε' 减小),ε_s 为静电介电常数,ε_{∞} 为极限高频的介电常数。这些参数与温度相关,因此我们可以看到不同温度的液态水的介电常数出现变化。

2. 土壤介电常数

土壤是地球陆地上被风化和粉碎的陆界表层。土壤由三种形态的物质组成,其中的矿物质和有机质属于固态,土壤水一般呈现液态,土壤空隙间的空气为气态。去除水分后,土壤的复介电常数的实部在2～4,虚部一般小于0.05(Ulaby et al,1981)。

在土壤学中,土壤水指的是在一个大气压下,在105℃条件下能从土壤中分离出来的水分。土壤水对土壤的介电特性发挥着关键作用,常用土壤体积含水量或

重量含水量的形式来进行定量标定。

土壤体积含水量 m_v 定义为土壤中水的体积与土壤总体积的比值，如式(3.38)所示，即

$$m_v = \frac{V_w}{V_t} \tag{3.38}$$

式中，V_w 表示土壤水的体积，V_t 表示土壤的总体积。

土壤重量含水量 m_g 定义为土壤中水的重量与土壤中固态物质重量的比值，定义为式(3.39)，即

$$m_g = \frac{W_w}{W_t} \tag{3.39}$$

式中，W_w 表示土壤水的重量，W_t 表示土壤中固态物质的重量。

按介电性质，土壤水被划分为两类：束缚水和自由水（Hallikainen et al, 1985）。束缚水被紧紧地吸附在土壤颗粒的第一分子层，展现出和自由水不同的介电性质。在同等条件下，当土壤束缚水的比重较大时，土壤的介电常数较小。试想同样土壤含水量的情况下，当土壤颗粒较小时，土壤颗粒的表面积较大，因此束缚的比例较大，则土壤的介电常数就会变得较小。所以，由于束缚水和自由水不同的介电性质，考虑土壤介电性质时还必须将土壤的颗粒大小，即土壤的纹理信息考虑在内。土壤颗粒按大小可分为三类，即沙土、泥土和黏土。

为描述土壤介电特性同土壤成分和含水量的关系，科学家提出了若干种土壤模型，如 Dobson 半经验介电混合模型(Dobson et al, 1995)。根据 Dobson 模型，在 1～18 GHz 的范围内土壤的复介电常数可以用式(3.40)来描述，即

$$\varepsilon_m^{\alpha} = 1 + \frac{\rho_b}{\rho_s}(\varepsilon_s^{\alpha} - 1) + m_v^{\beta}\varepsilon_{fw}^{\alpha} - m_v \tag{3.40}$$

式中，ε_m 为土壤复介电常数，ε_s 为土壤中固态物质的介电常数，ε_{fw} 为纯水的介电常数，m_v 为土壤体积含水量，ρ_b 为土壤容重(土壤体密度)，ρ_s 为土壤中固态物质的密度，参数 α 的参考值为 0.65，参数 β 则与土壤的纹理信息有关。

微波能够穿透土壤深度与微波信号的频率和土壤的介电特性有关。湿润土壤的介电常数往往较大，微波的穿透深度一般较浅，如 C 波段可能只有几厘米。非常湿润的土壤几乎只发生面散射。随着土壤含水量的降低，微波的穿透深度也相应增加。非常干燥的土壤的散射发生在一定的深度内，可被看作体散射。在一些极端情况下，微波甚至能穿透整个土壤层直抵下垫面的岩石层。同时，穿透深度也和微波频率有段，频率越低穿透能力越强，如 L 波段穿透深度大约是 Ku 波段的 10 倍。

当温度降到 0℃以下时，液态水被冻结，电偶极子的定向极化不再发生，所以土壤的介电常数出现显著的降低。然而即便在 0℃以下仍然有少量的液态水存在，因此冻土会呈现出与干土相似的介电特性。

3. 植被介电常数

将植被烘干后的测量实验表明，脱水的纯植被材质的介电常数很低，复介电常数的实部为1.5～2.0，虚部在0.1以下。然而植被的含水量很高，叶类植物的含水量高达80%～90%，即便木本植物的含水量也在50%以上。因此，植被的介电性质也受含水量的显著影响。并且和土壤一样，植物水也存在束缚水和自由水的差异。Ulaby和El-Rayes在双色散射模型中描述了植物的介电常数与含水量的关系，如式(3.41)所示，即

$$\varepsilon_v = \varepsilon_r + v_{fw} \cdot \varepsilon_f + v_b \cdot \varepsilon_b \tag{3.41}$$

式中，ε_v 表示植物介电常数，ε_r 表示非色散残留部分项，ε_f 表示自由水贡献项，ε_b 表示束缚水贡献项，v_{fw} 为自由水的含量，v_b 为束缚水的含量。

植被覆盖区的散射比较复杂，它是在植物叶片、枝条、茎干及下垫面间一系列单次散射和多次散射的组合，可能同时存在面散射、体散射、角隅散射等多种散射形式共存的情况。另外，植物的种类和构造千差万别如灌木和乔木，所以除植被含水量外，植被的几何结构也是影响植被散射的重要因素。

借助极化信息有助于对复杂散射的解读：单次散射基本不改变回波的极化方式；对垂直朝向的目标(如树干、秸秆等)，VV极化的信号会比较强(Brown et al，2003)；而HV、VH极化方式则对不规则朝向的目标(如树枝、树叶等)比较敏感。

此外，不同频率的雷达波对植被的穿透能力存在较大差异。Ku波段的雷达波通常不能穿过茂密的树林和灌木，仅能部分穿透稀疏草原和农田。除了热带雨林，C波段的雷达波具有较强的植被穿透能力，尤其是在小入射角观测的时候，能够透过植被获取到土壤的信息。

3.2.3 粗糙度

为排除地表复杂性的干扰，我们首先只讨论没有地表覆盖的裸露地表的情况，然后再将地表覆盖(主要考虑地表植被)加入考量。

当雷达波到达地球的土壤表面时会穿透一定的深度，穿透深度与雷达波的波长和土壤的介电性质有关。如C波段雷达多数情况下对土壤层的穿透深度在0.5～2.0 cm，一般不超过10 cm(Ulaby et al，1978；Newton et al，1982；Boisvert et al，1997)。因此雷达波和裸露地表之间的作用可以看作是一种面散射现象(区别于体散射)。面散射在各个散射方向上的能量分布与入射面的几何结构和表面粗糙度密切相关，如图3.3所示(Bartalis，2009)。

随着粗糙度的增加，相干散射分量(反射角等于入射角)的比重减小，各方向上的散射能量分布更趋于均衡，更接近于类似朗伯体表面的漫反射。

1. 地表均方根高度

地表均方根高度常被用来描述地面高低起伏的状况统计量。假设一表面在

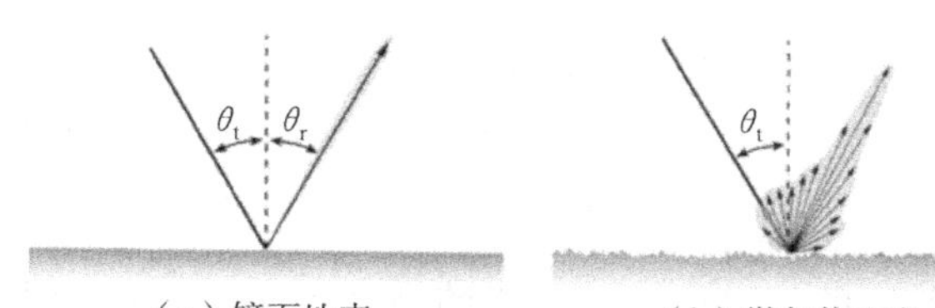

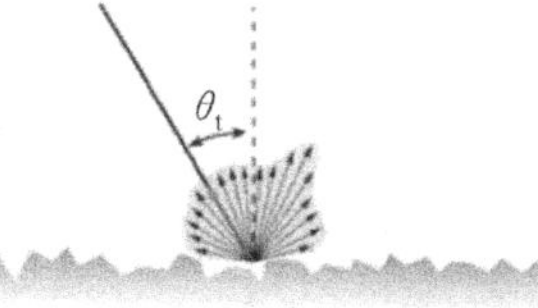

（a）镜面地表　（b）微起伏地表　（c）粗糙地表

图 3.3　不同粗糙度地表的散射能量分布

x-y 平面内，其中一点(x,y)的高度为 $z(x,y)$，在表面上取统计意义上有代表性的一块，尺度分别为 L_x 和 L_y，并假设这块平面的中心处于原点，则该表面的平均高度可表达为式(3.42)，即

$$\bar{z}=\frac{1}{L_xL_y}\int_{-\frac{L_x}{2}}^{\frac{L_x}{2}}\int_{-\frac{L_y}{2}}^{\frac{L_y}{2}}z(x,y)\mathrm{d}x\mathrm{d}y \tag{3.42}$$

其二阶矩可表达为式(3.43)，即

$$\bar{z}^2=\frac{1}{L_xL_y}\int_{-\frac{L_x}{2}}^{\frac{L_x}{2}}\int_{-\frac{L_y}{2}}^{\frac{L_y}{2}}z^2(x,y)\mathrm{d}x\mathrm{d}y \tag{3.43}$$

表面均方根高度 s 为

$$s=(z^2-\bar{z}^2)^{\frac{1}{2}} \tag{3.44}$$

对于一维离散数据(剖视图如图 3.4 所示)，表面的均方根高度为

$$s=\left\{\frac{1}{N-1}\left[\sum_{i=1}^{N}(z_i)^2-(\bar{z})^2\right]\right\}^{\frac{1}{2}} \tag{3.45}$$

式中，$\bar{z}=\frac{1}{N}\sum_{i=1}^{N}z_i$，$N$ 为采样数目。

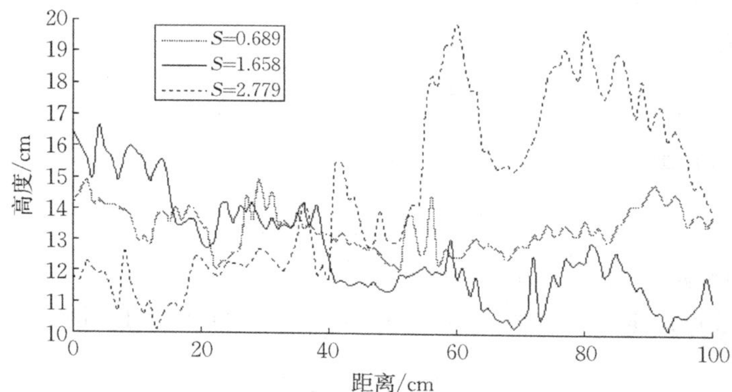

图 3.4　三个不同大小的地表均方根高度剖视图

2. 相关长度

一维表面剖视值 $z(x)$ 的归一化自相关函数可以定义为式(3.46)，即

$$\rho(x')=\frac{\int_{-\frac{L_x}{2}}^{\frac{L_x}{2}} z(x)z(x+x')\mathrm{d}x}{\int_{-\frac{L_x}{2}}^{\frac{L_x}{2}} z^2(x)\mathrm{d}x} \tag{3.46}$$

它是 x 点的高度 $z(x)$ 与偏离 x 的另一点 $(x+x')$ 的高度 $z(x+x')$ 之间相似性的一种度量。对于离散数据，相距 $x'=(j-1)\Delta x$ 的归一化自相关函数则由式(3.47)给出(式中 j 为自然数)，即

$$\rho(x')=\frac{\sum_{i=1}^{N+1-j} Z_i Z_{j+i-1}}{\sum_{i=1}^{N} Z_i^2} \tag{3.47}$$

当相关系数 $\rho(x')$ 等于1/e时的间隔 x' 值被定义为表面相关长度 l，可表达为式(3.48)，即

$$\rho(l)=\frac{1}{\mathrm{e}} \tag{3.48}$$

相关长度 l 表达了表面两点相互独立的一种基准度量。也就是说，当两点间水平距离大于 l 时，那么两点的高度值在统计意义上是独立的。

3. **表面自相关函数**

一般假定随机起伏的地表为一个平稳的随机过程，利用表面高程的概率分布或者表面自相关函数来描述随机地表，一般采用高斯和指数自相关函数来描述随机地表的自相关性。也有研究表明，自然地表的自相关函数通常介于高斯自相关函数和指数自相关函数之间。

实际地表辐射模拟中，常用到的相关函数类型为高斯自相关函数，可表达为式(3.49)，即

$$\rho(\xi)=\exp\left(-\frac{\xi^2}{l^2}\right) \tag{3.49}$$

指数自相关函数可表达为式(3.50)，即

$$\rho(\xi)=\exp\left(-\frac{|\xi|}{l}\right) \tag{3.50}$$

式中，ξ 为相关距离参数，l 为相关长度。

相关函数可以定义对应的 n 阶功率谱，可表达为式(3.51)，即

$$w(k)=\int \rho^n(x)J_0(kx)x\,\mathrm{d}x \tag{3.51}$$

式中，$J_0(kx)$ 为零阶贝塞尔函数。

n 阶功率谱的实质即为相关函数 n 次幂的傅里叶变换。

在改进的积分方程模型(advanced integral equation model，AIEM)模拟中，还

可以选择一些其他的非高斯相关函数，如 X-power、X-exponential、exponential like 等。其中 X-power 的表达式为

$$\rho(r)=\frac{1}{[1+(r/L)^2]^x} \tag{3.52}$$

$$W^{(n)}(2k\sin\theta)=\frac{2\pi l^2(kl\sin\theta)^{nx-1}}{\Gamma(nx)}K_u(2kl\sin\theta) \tag{3.53}$$

式中，K_u 为 u 阶贝塞尔函数。该函数能提供介于高斯与指数相关函数之间的特性。

3.2.4 裸露地表微波遥感反演地表土壤水分模型

对于裸露地表或者植被稀疏区域，微波遥感反演地表土壤水分的模型可分为物理模型和经验、半经验模型。物理模型主要包括几何光学模型、物理光学模型、小扰动模型、IEM 模型(AIEM)。经验、半经验模型包括简单统计回归模型(Ulaby et al,1978)、Oh 模型(Oh,1992)、Dubois 模型(Dubois et al,1985)和 Shi 模型(Shi et al,1997)，下面分别展开介绍。

1. 物理模型

根据惠更斯原理，随机粗糙面的散射场可由散射面上的表面场积分来表示。对于粗糙面平均曲率半径远大于入射波波长、地表均方根高度和相关长度均大于波长的大尺度随机起伏表面，可采用基尔霍夫模型(Kirchhoff approach,KA)，进而得到几何光学模型(geometrical optics model,GOM)和物理光学模型(physical optics model,POM)。对于地表均方根高度和相关长度小于波长的表面，可采用小扰近似得到小扰动模型(small perturbation model,SPM)。

KA 模型的基本限制条件如式(3.54)所示，即

$$kl>6,\ l^2>2.76s\lambda \tag{3.54}$$

式中，k 为自由空间波数，$k=2\pi/\lambda$；s 为地表均方根高度；l 为表面自相关长度；λ 为入射波长。

几何光学模型同极化条件下的后向散射公式为

$$\sigma_{\mathrm{PP}}^0(\theta)=\frac{\Gamma^0\exp\left(\frac{-\tan^2(\theta)}{2m^2}\right)}{2m^2\cos^4(\theta)} \tag{3.55}$$

式中，$\sigma_{\mathrm{PP}}{}^0(\theta)$ 表示同极化 θ 入射角条件下的后向散射系数；Γ^0 表示法线方向的菲涅耳反射率；m 表示地表均方根坡度，$m=s/l$。几何光学模型适用的地表粗糙度范围为

$$s>\frac{\lambda}{3},\ l>\lambda,\ 0.4<m<0.7 \tag{3.56}$$

几何光学模型只对表面高程标准离差值较大的表面比较有效，对于均方根高

度比较小的表面，对切向量场做不同的近似。物理光学模型是基尔霍夫模型在标量近似法下得到的解析解，同极化条件下的后向散射公式为

$$\sigma_{PP}^{0}(\theta)=k^{2}\cos^{2}\theta\Gamma_{P}(\theta)\exp[-(2ks\cos(\theta)]^{2}\sum_{n=1}^{\infty}\frac{(2ks\cos\theta)^{2n}}{n!}W^{n}(2k\sin\theta,0) \tag{3.57}$$

式中，$\sigma_{PP}{}^{0}(\theta)$ 表示同极化 θ 入射角条件下的后向散射系数，$W(2k\sin\theta,0)$ 为归一化粗糙度谱。物理光学模型适用的地表粗糙度范围是 $m<0.25,kl>6,l^{2}>2.76s\lambda$。$\Gamma_{P}(\theta)$ 表示 θ 入射角条件下的菲涅耳反射率，可以用式(3.58)和式(3.59)表示，即

$$\Gamma_{V}(\theta)=|R_{VV}(\theta)|^{2}=\left|\frac{\varepsilon\cos\theta-\sqrt{\varepsilon-\sin^{2}\theta}}{\varepsilon\cos\theta+\sqrt{\varepsilon-\sin^{2}\theta}}\right|^{2} \tag{3.58}$$

$$\Gamma_{H}(\theta)=|R_{HH}(\theta)|^{2}=\left|\frac{\cos\theta-\sqrt{\varepsilon-\sin^{2}\theta}}{\cos\theta+\sqrt{\varepsilon-\sin^{2}\theta}}\right|^{2} \tag{3.59}$$

小扰动模型适用于相对光滑的表面（$kl<6$），同极化条件下的后向散射公式如式(3.60)所示，即

$$\sigma_{PP}^{0}(\theta)=8k^{4}\sigma^{2}\cos^{4}\theta|\alpha_{PP}(\theta)|^{2}W(2k\sin\theta) \tag{3.60}$$

式中，极化幅度因子可表达为式(3.61)和式(3.62)，即

$$|\alpha_{HH}(\theta)|^{2}=\Gamma_{H}(\theta) \tag{3.61}$$

$$\alpha_{VV}(\theta)=(\varepsilon_{s}-1)\frac{\sin^{2}\theta-\varepsilon(1+\sin^{2}\theta)}{\left[\varepsilon\cos\theta+\sqrt{\varepsilon-\sin^{2}\theta}\right]^{2}} \tag{3.62}$$

小扰动模型的粗糙度适用范围是 $0.05\lambda<s<0.15\lambda,m<0.25$。

以上三个传统的面散射模型都只是在各自的粗糙度范围内使用，模型之间没有连续性。而自然地表的粗糙度状况往往是连续的，需要一个连续的模型对自然地表的粗糙状况进行模拟，从而再现地物后向散射状况。

Fung(1992)以辐射传输理论为基础，结合基尔霍夫模型和小扰动模型，提出了能够适应更宽的粗糙度范围的IEM模型。Wu等(2001)和Chen等(2000)又对其进行改进，针对IEM用到的数学上的简化和物理上的近似对其进行改进，并发展出更为精确的AIEM模型。该模型修正了原IEM模型中格林函数与菲涅耳反射系数的限制，并引入了过渡模式，解决了在不同粗糙度情况下，是采用入射角为参数的菲涅耳反射系数还是观测角为参数的菲涅耳近似的不确定性问题，最后发展成AIEM模型。AIEM单次散射的后向散射系数可表达为

$$\sigma_{PQ}=\frac{1}{2}k_{1}^{2}\exp(-s^{2}(k_{z}^{2}+k_{sz}^{2}))\sum_{n=1}^{\infty}\frac{s^{2n}}{n!}\left|I_{PQ}^{n}\right|^{2}W^{n}(k_{sx}-k_{x},k_{sy}-k_{y}) \tag{3.63}$$

$$I_{PQ}^{n}=(k_{sz}+k_{z})^{n}f_{PQ}\exp(-s^{2}k_{z}k_{sz})+\frac{1}{2}[(k_{sz})^{n}F_{PQ}(-k_{x},-k_{y})+(k_{z})^{n}F_{PQ}(-k_{sx},-k_{sy})] \quad (3.64)$$

式中，PQ 代表极化方式，k_1 是介质 1 中的自由空间波数，s 是土壤表面均方根高度，$W^n(k_{sx}-k_x,k_{sy}-k_y)$ 是地表相关函数的 n 阶傅里叶变换，$k_z=k\cos\theta$，$k_{sz}=k\cos\theta_s$，$k_x=k\sin\theta\cos\varphi$，$k_{sx}=k\sin\theta\cos\varphi_s$，$k_y=k\sin\theta\sin\varphi$，$k_{sy}=k\sin\theta_s\sin\varphi_s$，$\theta$、$\varphi$ 分别是入射角和入射方位角，θ_s、φ_s 分别是散射角和散射方位角，f_{PQ} 和 F_{PQ} 分别是与菲涅耳反射率 $\Gamma_{H/V}$ 相关的函数。

AIEM 模型作为建立在严格电磁学理论和数学推导基础上的严谨理论模型，已取得业界的广泛认同。大量试验证明能够在很宽的地表粗糙度范围内精确模拟地表的后向散射，因此被大量地应用于裸露地表微波散射和辐射的实验模拟和分析。

此外还有一些其他的近似模型，如金亚秋(1993)提出的双尺度散射模型，即将表面粗糙度看作大小尺度两个独立粗糙度的叠加，分别用基尔霍夫近似和小扰动模型计算并将结果叠加，然后证明模型的使用范围近似是基尔霍夫近似和小扰动模型适用范围之和。该模型也被余凡等(2010)推导证实并与 AIEM 结果进行了比较。

2. 经验、半经验模型

近年来，随着雷达传感器和极化技术的发展，通过多极化、多波段、可变入射角地表散射计数据建立与雷达频率、极化、入射角及地表参数(介电常数、表面均方根高度、相关长度)间的相关关系，发展了很多半经验模型。这些模型具有一定的物理意义，同时又是建立在一定统计规律上的，因此能获得较好的精度，如简单回归模型、Oh 模型、Dubois 模型和 Shi 模型。

1)简单回归模型

在特定的波长、入射角和植被环境(稀疏)下，较为平坦的地表的土壤湿度可以直接与后向散射系数建立线性或者指数关系。Bradley 等(1981)用车载雷达 L 波段实测了大量的地面土壤湿度数据，直接建立了后向散射系数与土壤湿度的经验关系模型，如式(3.65)所示，即

$$\sigma^{\circ}=0.133n_f-1\ 384 \text{ 和 } \sigma^{\circ}=0.041\exp(0.031m_f) \quad (3.65)$$

式中，n_f 为质量含水量，m_f 为体积含水量。

上述关系独立于粗糙度而存在，在使用时最好选择地表起伏微小的区域或者粗糙度相同的区域，否则模型的适用性会受到较大影响。

2)Oh 模型

Oh 模型是利用地面全极化车载散射计发展的一个经验模型(Oh，1992)。该方法将地表参数简化为粗糙度参数(均方根高度和相关长度)和地表介电常数，算法关键是建立了同极化比及交叉极化比与地表粗糙度和土壤介电常数的关系，如

式(3.66)、式(3.67)、式(3.68)所示,即

$$p=\frac{\sigma_{HH}^{o}}{\sigma_{VV}^{o}}=\left[1-\left(\frac{2\theta}{\pi}\right)^{1/3\Gamma_0}\cdot\exp(-ks)\right]^2 \tag{3.66}$$

$$q=\frac{\sigma_{HV}^{o}}{\sigma_{VV}^{o}}=0.23\sqrt{\Gamma_0}\cdot[1-\exp(-ks)] \tag{3.67}$$

$$\Gamma_0=\left|\frac{1-\sqrt{\varepsilon}}{1+\sqrt{\varepsilon}}\right|^2 \tag{3.68}$$

式中,k 为自由空间波数,θ 为入射角,Γ_0 为法线方向的菲涅耳反射系数。

由于是通过地表实验数据而得到的经验关系,Oh 模型的适用范围较宽,在表面均方根高度为 0.1～0.6 cm 和相关长度为 2.6～19.7 cm 的地表粗糙度范围内,模型预测值都能和实际观测值取得较为一致的结果。

3)Dubois 模型

通过分析地表散射特性的全极化后向散射计测量值,Dubois 等(1985)分别得到了两种同极化后向散射系数与地表介电常数和表征地表粗糙度的均方根高度 s 之间的经验关系,表达如式(3.69)和式(3.70)所示,即

$$\sigma_{VV}^{o}=10^{-2.35}\cdot\left(\frac{\cos^3\theta}{\sin^3\theta}\right)\cdot 10^{0.046\cdot\varepsilon\cdot\tan\theta}\cdot(ks\cdot\sin\theta)^{1.1}\cdot\lambda^{0.7} \tag{3.69}$$

$$\sigma_{HH}^{o}=10^{-2.75}\cdot\left(\frac{\cos^{1.5}\theta}{\sin^5\theta}\right)\cdot 10^{0.028\cdot\varepsilon\cdot\tan\theta}\cdot(ks\cdot\sin\theta)^{1.4}\cdot\lambda^{0.7} \tag{3.70}$$

式中,k 为自由空间波数,θ 为入射角,ε 为地表介电常数,λ 为入射波长。

Dubois 模型的地表适用范围为 $ks<2.5$、$30°<\theta<65°$ 且 $m_v<0.35$。在更为粗糙的地表条件下,Dubois 模型预测的 HH 极化后向散射系数大于 VV 极化,这与理论模型预测值不符。

4)Shi 模型

Oh 模型和 Dubois 模型都未考虑与地表粗糙度的相关长度、相关函数及其表面功率谱,这样得到的结果会与理论模型的计算结果不一致。Shi 模型中考虑了地表粗糙度谱对后向散射系数的影响,所以这一模型的实际应用效果较好。其通过 IEM 模型模拟建立后向散射系数数据库,建立了 L 波段不同极化组合后向散射系数与介电常数和地表粗糙度功率谱之间的相关关系,其表达式为

$$10\lg\left(\frac{|a_{PP}|^2}{\sigma_{PP}^{0}}\right)=a_{PP}(\theta)+b_{PP}(\theta)\cdot 10\lg\left(\frac{1}{Sr}\right) \tag{3.71}$$

$$10\lg\left(\frac{|a_{VV}|^2+|a_{HH}|^2}{\sigma_{VV}^{0}+\sigma_{HH}^{0}}\right)=a_{VH}(\theta)+b_{VH}(\theta)\cdot 10\lg\left(\frac{|a_{VV}||a_{HH}|}{\sqrt{\sigma_{VV}^{0}+\sigma_{HH}^{0}}}\right) \tag{3.72}$$

式中,a_{PP} 为 PP 极化状态下的极化幅度,$\sigma_{PP}(\theta)$ 为 PP 极化状态下的后向散射系数;Sr 为地表粗糙度谱,它包括了地表均方根高度及相关长度两个参数及地表相

关函数;$a_{PP}(\theta)$、$b_{PP}(\theta)$、$a_{VH}(\theta)$ 和 $b_{VH}(\theta)$ 都是与入射角 θ 有关的经验系数。其可表达为

$$a_{HH}(\theta)=(\varepsilon_s-1)\frac{1}{(\cos\theta+\sqrt{\varepsilon_s-\sin^2\theta})^2} \tag{3.73}$$

$$a_{VV}(\theta)=(\varepsilon_s-1)\frac{\sin^2\theta-\varepsilon_s(1+\sin^2\theta)}{(\varepsilon_s\cos\theta+\sqrt{\varepsilon_s-\sin^2\theta})^2} \tag{3.74}$$

式中,ε_s 为地表均方根高度为 s 时的土壤介电常数。

以上模型是针对裸露地表发展而来,当地表有植被覆盖时,植被的散射作用会对模型的反演结果产生较大的影响,模型不再适用,需要发展植被覆盖区的散射模型。

3.2.5 植被覆盖地表微波遥感反演土壤水分模型

由于陆地表面的复杂性,很多情况下雷达波必须经过各种地表覆盖才能抵达陆界表面,植被覆盖如各类树木、灌木和农作物等,气候覆盖如冰、雪等。其中又以植被覆盖范围最广、影响最大,在某些地区植被甚至成为影响散射信号的主导因素。植被覆盖区的散射非常复杂,在植物叶片、枝条、茎干及下垫面间同时存在着体散射、面散射和角隅散射,以及一系列单次散射和多次散射的组合。而且植物的种类繁多、含水量高,不同类别和生长阶段的植物构造和含水量差异巨大,所以有必要建立专门的模型来分析植被覆盖对地表散射的影响。

针对植被后向散射特性的研究始于 20 世纪 70 年代,植被后向散射模型也从最初较为简单的水云模型(Ulaby et al,1978),发展到近期能够描述多层、多组分散射的 Karam 模型(Karam et al,1992)和 MIMICS 模型(Ulaby et al,1990)。

水云模型(water cloud model,WCM)就是由 Attema 和 Ulaby 于 1978 年基于辐射传输理论提出的经典模型(Attema et al,1978)。该模型假定:①植被层由许多均匀分布的具有相同大小和形状的散射微粒所组成;②植被与土壤表面的多次散射可以忽略;③模型中的变量仅为植被高度、植被含水量和土壤湿度。可表达为式(3.75)、式(3.76)和式(3.77),即

$$\sigma^\circ_{PP}=\sigma^\circ_{PPV}+L^2_{PP}\sigma^\circ_{PPS} \tag{3.75}$$

$$\sigma^\circ_{PPV}=A\cos(B)(1-L^2_{PP}) \tag{3.76}$$

$$L^2_{PP}=\exp(-2\tau\sec(\theta)) \tag{3.77}$$

式中,σ°_{PP} 为同极化雷达波经植被层散射的后向散射系数,σ°_{PPS} 为同极化雷达波经地表散射的后向散射系数,L_{PP} 为雷达波穿透植被层的双层衰减因子,A、B 的值取决于植被类型及入射电磁波的频率,τ 是植被层的光学厚度。

Paris(1986)在机载散射计的 C、X 波段实测数据的基础上,对小麦的后向散射特性进行了研究,并用水云模型来提取小麦水分和土壤湿度等地表参量。Bindlish

等(2001)在 Washita1994 数据的基础上,用水云模型和 IEM 模型对植被覆盖的土壤湿度信息进行了提取,同时用植被相关长度来表示植被在空间分布上的异质性和雷达阴影,取得了很好的效果。

水云模型将整个农作物覆盖层作为一个一致的散射体,而没有考虑多次散射的作用,然而在一些农作物覆盖下(如玉米、小麦等)及特定波长下,植被与土壤之间的双次散射在总的后向散射中占有一定的比例,如果简单地将其忽略将会造成较大的误差。后来科学家们又提出若干更为复杂的模型,如 MIMICS 模型、Karam 模型等。以 MIMICS 模型为例,MIMICS 模型根据微波散射的特性,将植被覆盖地表分为三个部分:植被冠层(包括不同大小、朝向、形状的枝条和叶片),植被茎秆部分(近似简化为介电圆柱体)和植被下垫面的粗糙地表(用土壤介电特性和随机地表粗糙度参数化)。相应的微波后向散射可分为五个部分(图 3.5),可表达为式(3.78),即

$$\sigma_{PQ}^{0}=\sigma_{PQ1}^{0}+\sigma_{PQ2}^{0}+\sigma_{PQ3}^{0}+\sigma_{PQ4}^{0}+\sigma_{PQ5}^{0} \tag{3.78}$$

式中,σ_{PQ1}^{0} 表示土壤-冠层-土壤相互耦合作用的散射量,σ_{PQ2}^{0} 表示冠层-土壤和土壤-冠层相互耦合作用的散射量,σ_{PQ3}^{0} 表示冠层直接散射量,σ_{PQ4}^{0} 表示经过冠层衰减后的杆层-土壤和土壤-杆层二面角散射量,σ_{PQ5}^{0} 表示经过冠层双层衰减后的土壤直接散射量,PQ 表示极化状态。

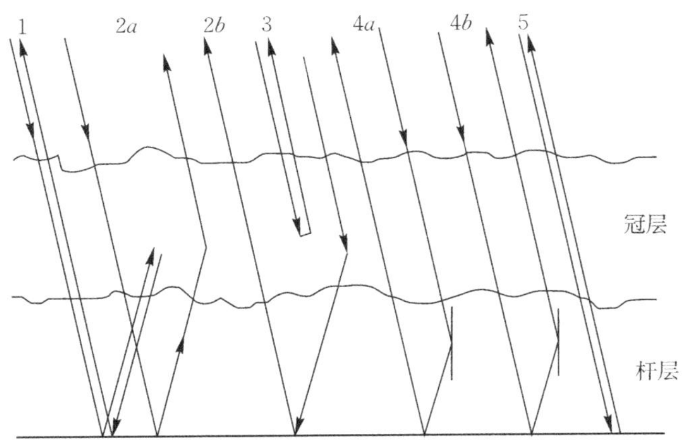

图 3.5　MIMICS 五散射分量示意

MIMICS 模型把植物的枝、叶、干等简化为几何体,并与植物生物物理参数结合,通过波的解析理论和辐射传输方程求解后向散射系数。以 MIMICS 模型为代表的这类植被理论模型的假设更加合理,考虑更加精细,但是参数繁多、模型复杂,有些参数很难获取或者被精确测定,限制了模型的使用。

MIMICS 模型的五项后向散射系数的表达式分别为式(3.79)至式(3.83)(Ulaby et al,1990)。

$$\sigma_{PQ1}^{o}=\sigma_{PQ3}^{o}T_{cP}T_{cQ}T_{tP}T_{tQ}\Gamma_{P}\Gamma_{Q} \tag{3.79}$$

$$\sigma_{PQ2}^{o}=2T_{cP}T_{cQ}T_{tP}T_{tQ}(\Gamma_{P}+\Gamma_{Q})d\sigma_{PQ2} \tag{3.80}$$

$$\sigma_{PQ3}^{o}=\frac{\sigma_{PQ1}\cos\theta_{i}}{\tau_{cP}+\tau_{cQ}}(1-T_{cP}T_{cQ}) \tag{3.81}$$

$$\sigma_{PQ4}^{o}=2T_{cP}T_{cQ}T_{tP}T_{tQ}(\Gamma_{P}+\Gamma_{Q})H_{t}\sigma_{PQ3} \tag{3.82}$$

$$\sigma_{PQ5}^{o}=\sigma_{PQs}^{o}T_{cP}T_{cQ}T_{tP}T_{tQ} \tag{3.83}$$

式中，σ_{PQ1} 是每单位体积内植被冠层的雷达后向散射截面(m^2/m^3)；σ_{PQ2} 是每单位体积内植被冠层的双向散射截面(m^2/m^3)；σ_{PQ3} 是每单位体积内植被杆层的双向散射截面(m^2/m^3)；τ_{cP} 是 P 极化下植被冠层消光系数(Np/m)；τ_{tP} 是 P 极化下植被杆层消光系数(Np/m)；d 是植被层高度(m)；H_t 是植被杆层高度(m)；θ_i 是雷达入射角；T_{cP} 是 P 极化植被冠层单程透射率，$T_{cP}=e^{-\tau_{cP}d\sec\theta_i}$；$T_{tP}$ 是 P 极化植被杆层单程透射率，$T_{tP}=e^{-\tau_{tP}H_t\sec\theta_i}$；$\Gamma_P$ 是 P 极化地表反射率，$\Gamma_P=\Gamma_{Po}\exp(-(2ks\cos\theta_i)^2)$；$\Gamma_{Po}$ 是 P 极化镜面菲涅耳(Fresnel)反射系数，其中水平极化和垂直极化的菲涅耳反射系数可表达为式(3.84)和式(3.85)，即

$$\Gamma_{Ho}(\theta_i)=\left|\frac{\cos\theta_i-\sqrt{\varepsilon_s-\sin^2\theta_i}}{\cos\theta_i+\sqrt{\varepsilon_s-\sin^2\theta_i}}\right|^2 \tag{3.84}$$

$$\Gamma_{Vo}(\theta_i)=\left|\frac{\varepsilon_s\cos\theta_i-\sqrt{\varepsilon_s-\sin^2\theta_i}}{\varepsilon_s\cos\theta_i+\sqrt{\varepsilon_s-\sin^2\theta_i}}\right|^2 \tag{3.85}$$

式中，ε_s 是土壤介电常数。一般采用基尔霍夫模型或者小扰动模型来模拟植被下的地表散射。

MIMICS 模型对植被的刻画比较详细，能较真实地模拟植被覆盖地表的后向散射状况。但是 MIMICS 模型中的地表模型还是采用传统的面散射模型，适用范围小，精度不高。而且 MIMICS 模型主要针对森林等高大植被(杆层和冠层有明显区别)，在实际应用中也会受到较大限制。

3.2.6　被动微波遥感反演土壤水分

被动微波遥感反演土壤水分的机理是利用微波辐射计获取亮度温度，然后在剔除地表影响因子(植被、粗糙度、土壤温度、地形等)的情况下建立亮度温度和土壤水分含量的关系式。被动微波多采用低频(1～6 GHz)来探测土壤水分，主要是因为：①低频的穿透性更好，能够直接穿透植被监测地表的土壤水分含量；②高频($f>15$ GHz)容易受到大气的吸收影响，只能在天气状况较好时采用，从而限制了微波遥感全天候测量的优点。与主动微波遥感相比，被动微波遥感反演土壤湿度的研究开展得较早，其算法也更成熟，特别是 1978 年以后 SMMR、SSM/I 等微波传感器的发射升空，大大推动了被动微波遥感反演土壤水分算法的发展。被动微

波遥感反演土壤水分的主要流程如图 3.6 所示。

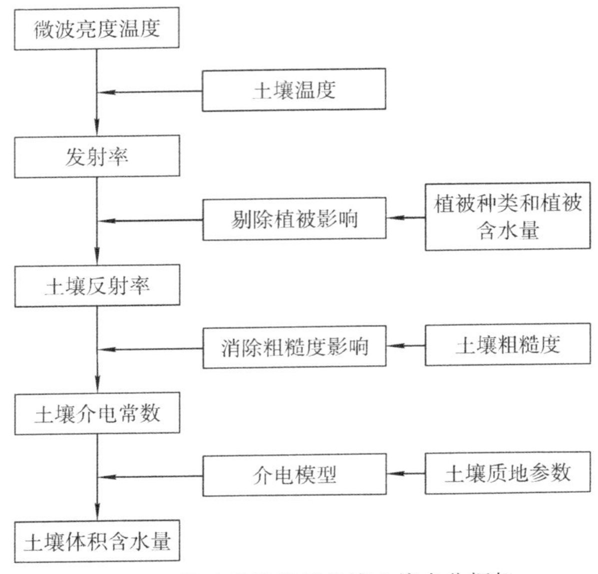

图 3.6 被动微波遥感反演土壤水分框架

与主动微波遥感类似，被动微波遥感反演土壤水分的手段也分为前向理论模型反演和统计经验模型两种。被动微波遥感的辐射传输机理是一致的，因此几何光学模型(GO)、物理光学模型(POM)、小波扰动模型(SPM)、IEM 模型、MIMICS 模型、Karam 模型、水云模型等都能用来计算地表的发射率。前向理论模型反演也是采用神经网络、遗传算法等优化算法来求解地表土壤水分，由于被动微波分辨率较高，造成地表的异质性也很大，因此影响反演精度的因子很多(如大气、土壤质地、异质性、地形等)，反演效果不是很理想，国外在这方面做了一些研究(Davis et al，1993，1995；Tsang et al，1992)。

与复杂的正向模型相比，经验模型较为简单实用。由于模型是建立在对实测值统计分析的基础上，因此也具有较高的精度。其基本形式为式(3.86)，即

$$x_j = F_j(T_{p,1}, T_{p,2}, \cdots, T_{p,n}) \tag{3.86}$$

式中，$T_{p,1}$ 为不同极化方式、不同入射波长下的微波亮度温度，x_j 为地表土壤水分含量，F_j 为统计关系模型。

Schmugge(1978)在分析美国亚历山大农田微波水分试验数据的基础上，发现了亮度温度与土壤水分含量具有非常好的线性关系，同时引入田间持水力(field capacity，FC)作为反映土壤水分的一个指标，建立了亮度温度与 FC 的关系模型。后来又有学者引入前期降水指数(antecedent precipitation index，API)(张宏名，1992)和微波极化指数(microwave polarization different index，MPDI)(王磊 等，

2006)等土壤水分指示因子,并统计它们与微波亮度温度的经验关系。Njoku 等(1982)基于辐射传输方程建立了亮度温度和土壤水分含量的非线性关系,并用最小二乘法求解出土壤水分含量。Wigneron 等(1993)利用多极化的 SMMR 数据同时反演土壤水分和植被含水量两个参数。Kerr 等(1990)利用 SMMR 数据的 6.6 GHz、10.7 GHz、18 GHz 和 37 GHz 四个波段反演土壤水分、植被含水量、地表温度三个参数,取得较好的精度,其中地表温度的误差控制在 2 K 以内。

3.3 双极化微波数据反演地表土壤水分的方法研究

有研究表明(Dubois et al,1995),土壤水分对后向散射系数的影响小于 7 dB,而粗糙度对后向散射系数的影响可以达到 10 dB 以上,因此粗糙度的处理关乎土壤水分反演的成败。一般采用均方根高度 s 和相关长度 l 分别从垂直和水平方向对地表粗糙度进行表达,这样在土壤水分反演中会出现粗糙度参数 s、l 和土壤水分 m_v 三个参数,双极化微波数据无法反演得到土壤水分。Zribi 等(2002)曾采用均方根高度的平方与相关长度的比值 Zs 作为综合粗糙度来描述地表的粗糙状况,建立了不同角度下后向散射系数之差与 Zs 之间的经验关系,并简单地建立了土壤水分反演模型,仅需两个角度的微波数据就能实现土壤水分的反演。

基于此考虑,提出一种适用于双极化微波数据的土壤水分经验反演算法,通过引入综合粗糙度参数 $Rs=\sqrt{s^2/l}$,将两个粗糙度参数合二为一。基于 AIEM 模拟,在较宽的入射角范围和粗糙度范围内,分别建立了后向散射系数与综合粗糙度参数 Rs 和土壤水分 m_v 的经验关系,最终得到经验模型的表达式。然后利用地面散射计两个同极化的数据同时对土壤水分和粗糙度参数进行反演,并与地面实测数据进行了对比验证。

3.3.1 模型研究

1. 地表后向散射系数的模拟

AIEM 的预测值与大量实测数据具有较好的一致性,广泛应用于随机粗糙地表散射的模拟(Wu et al, 2001;2004)。AIEM 单次散射的后向散射系数可表达为式(3.87)和式(3.88),即

$$\sigma_{PQ}=\frac{1}{2}k_1^2\exp(-s^2(k_z^2+k_{sz}^2))\sum_{n=1}^{\infty}\frac{s^{2n}}{n!}\left|I_{PQ}^n\right|^2W^n(k_{sx}-k_x,k_{sy}-k_y) \tag{3.87}$$

$$\begin{aligned}I_{PQ}^n=&(k_{sz}+k_z)^n f_{PQ}\exp(-s^2k_zk_{sz})+\\&\frac{1}{2}[(k_{sz})^nF_{PQ}(-k_x,-k_y)+(k_z)^nF_{PQ}(-k_{sx},-k_{sy})]\end{aligned} \tag{3.88}$$

式中,k_1 是介质 1 中的自由空间波数,s 是土壤表面的均方根高度,$W^n(k_{sx}-k_x,$

$k_{sy}-k_y$）是地表相关函数的 n 阶傅里叶变换，$k_z=k\cos\theta$，$k_{sz}=k\cos\theta_s$，$k_x=k\sin\theta\cos\varphi$，$k_{sx}=k\sin\theta_s\cos\varphi_s$，$k_y=k\sin\theta\sin\varphi$，$k_{sy}=k\sin\theta_s\sin\varphi_s$，$\theta$、$\varphi$ 分别是入射角和入射方位角，θ_s、φ_s 分别是散射角和散射方位角。

土壤介电常数可以由 Dobson 提供的公式转换为土壤水分公式（Dobson et al，1995），如式（3.89）和式（3.90）所示，即

$$\varepsilon_s^{\alpha} \cong 1+\frac{\rho_b}{\rho_s}(\varepsilon_s^{\alpha}-1)+m_v^{\beta}\varepsilon_{fw}^{\alpha}-m_v \tag{3.89}$$

$$\beta=1.09-0.11S+0.18C \tag{3.90}$$

式中，ρ_b 为土壤体积密度，ρ_s 为土壤固态物质密度，ε_s 为土壤中固态物质的介电常数（$\varepsilon_s \cong (4.7,0)$），$\varepsilon_{fw}$ 为纯水的介电常数，α 和 β 是由土壤质地决定的常数，S 和 C 分别是土壤中砂土和黏土的百分比含量。

2. 地表散射特性描述

研究表明，裸露地表的后向散射系数主要受地表粗糙度和地表含水量的影响，可以表达为式 3.91（Shi et al，1997），即

$$\sigma_{VV}=g(Rs,\theta)\cdot f(\Gamma^0,\theta) \tag{3.91}$$

式中，$g(Rs,\theta)$ 是粗糙度相关函数，由综合粗糙度参数 Rs 及入射角 θ 决定；$f(\Gamma^0,\theta)$ 是土壤水分相关函数，Γ^0 是法向入射时的菲涅耳反射系数，与介电常数有关，从而与土壤水分直接相关，Γ^0 可表达为式（3.92），即

$$\Gamma^0=\left|\frac{1-\varepsilon}{1+\varepsilon}\right|^2 \tag{3.92}$$

式中，ε 是土壤的介电常数。

由于粗糙度函数与土壤水分相关函数是相互独立的，因此，我们可以通过 AIEM 模型模拟，分别获取 $g(Rs,\theta)$ 与 $f(\Gamma^0,\theta)$ 的表达式。

3. 粗糙度相关函数

本书利用 AIEM 模拟，建立一个较宽粗糙度范围内的后向散射系数数据库，并拟合后向散射系数与 Rs 之间的关系。

AIEM 模拟时，输入设定为 $\theta=30°$、$m_v=0.35$、波长 $\lambda=5.357$ cm，$s\in(0.1$ cm，4.5 cm$)$ 的取样间隔为 0.1 cm，$l\in(2$ cm，20 cm$)$ 的取样间隔为 2 cm，极化模式为 VV。通过多元回归发现，σ_{VV} 与 Rs 存在如下关系，即

$$\sigma_{VV}=a+be^{-\frac{(Rs^{0.125}-d)}{2c^2}} \tag{3.93}$$

式中，a、b、c、d 为经验系数。

进一步模拟发现 σ_{VV} 与 Rs 在一个很宽的入射角范围内均存在式（3.93）的经验关系。图 3.7 给出了入射角范围（10°，60°）之间，$f(\Gamma^0,\theta)$ 恒定时，σ_{VV} 与 Rs 的散点关系。

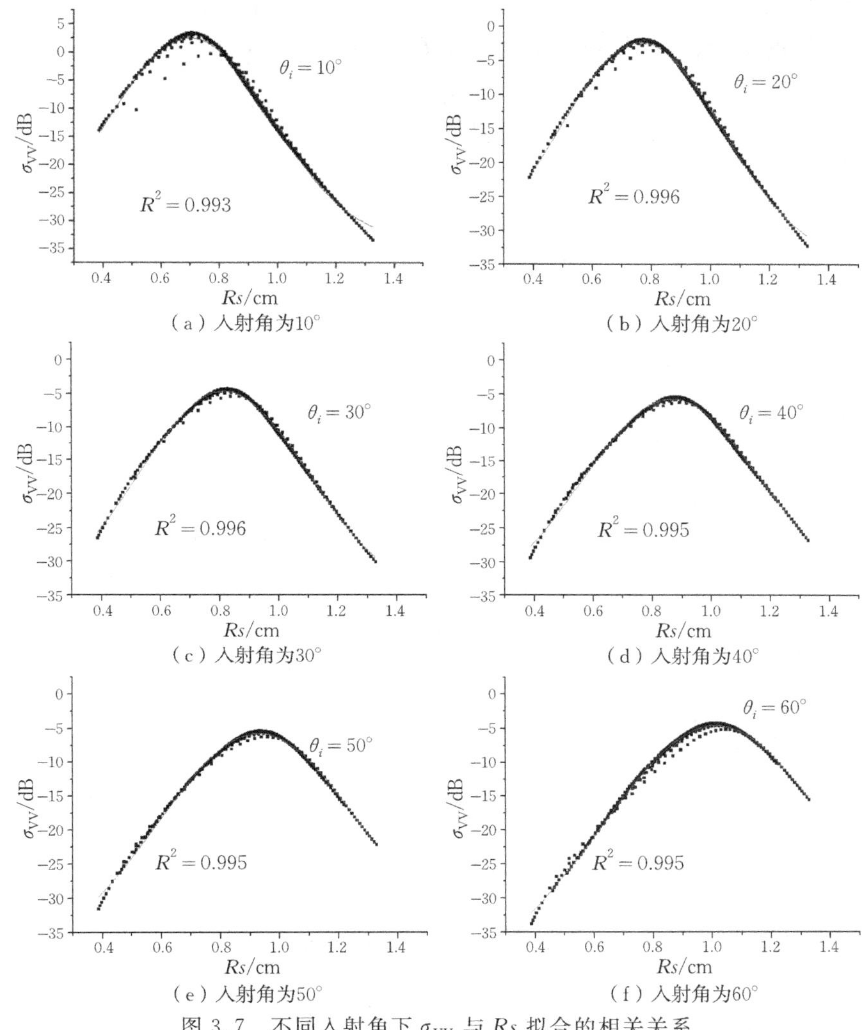

图 3.7　不同入射角下 σ_{VV} 与 Rs 拟合的相关关系

由图 3.7 可知 Rs 与 σ_{VV} 之间的相关性非常高，相关系数都高于 0.993，因此，利用 Rs 可以描述地表粗糙度状况。进一步模拟发现，在不同的土壤水分条件下，σ_{VV} 与 Rs 存在类似式(3.91) 的关系。

4. 土壤水分相关参数

一般情况下，简单的线性关系就能用来反演土壤水分，如式(3.94)所示，即

$$\sigma_{PQ} = sm_v + t \tag{3.94}$$

式中，s、t 为经验系数。

式(3.94)一般适用于地表粗糙度较小的地区(Ulaby et al, 1981)，对于一般粗

糙度的区域，在确定粗糙度相关函数 $g(Rs,\theta)$ 后，利用 AIEM，在固定粗糙度和入射角的情况下，模拟 VV 极化下 σ_{VV} 与 Γ^0 的关系（图 3.8）。

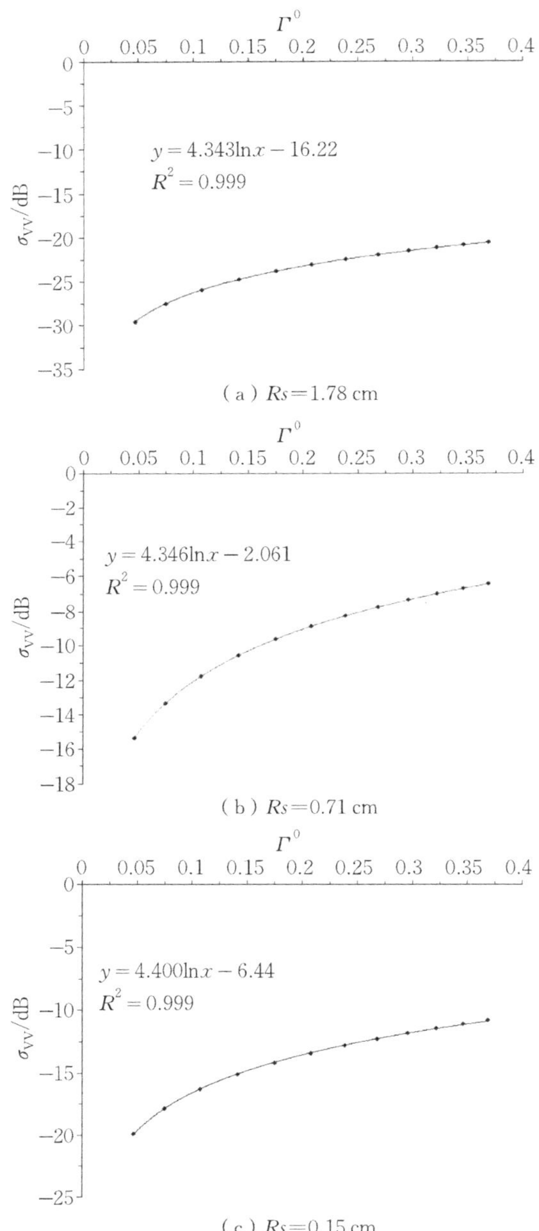

图 3.8　特定条件下 σ_{VV} 与 Γ^0 的关系

（$\theta_i=30°$，$\lambda=5.357$ cm，$m_v\in(0.01,0.35)$，步进 0.03）

由图3.8可知，在不同大小的粗糙度情况下，对数关系能非常好地描述σ_{VV}与Γ^0的关系，从而在固定粗糙度和入射角的情况下，可得到式(3.95)，即

$$\sigma_{VV}=m\ln(\Gamma^0)+n \tag{3.95}$$

式中，m、n为经验系数。通过AIEM进一步模拟发现，在不同入射角情况下，粗糙度相关函数一定时，σ_{VV}与Γ^0间均存在式(3.95)的经验关系，并且相关系数都高达0.99以上。

5. **经验模型的提出**

结合式(3.91)、式(3.93)和式(3.95)，在入射角一定的情况下，本书的经验模型可表达式为

$$\sigma_{VV}=(a+b\mathrm{e}^{-\frac{Rs^{0.125}-d}{2c^2}})\times(m\ln(\Gamma^0)+n) \tag{3.96}$$

式(3.96)即为后向散射系数σ_{VV}与法向菲涅耳反射系数Γ^0和粗糙度参数Rs之间的经验表达式。依据式(3.93)和式(3.95)，式(3.96)中a、b、c、d、m、n为经验系数，未知参数仅为Γ^0和Rs。考虑不同极化下后向散射和粗糙度及土壤水分含量的关系，发现HH极化的后向散射系数σ_{HH}也与Γ^0和粗糙度参数存在类似式(3.93)和式(3.95)的关系，如图3.9和图3.10所示。

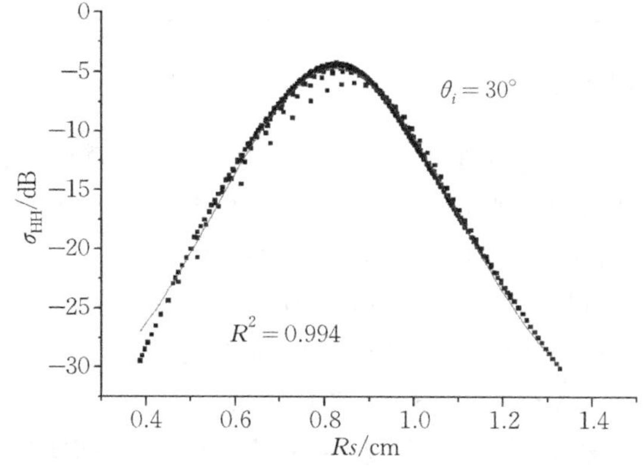

图3.9　HH极化下σ_{HH}与Rs拟合的相关关系($\theta_i=30°$，$m_v=0.35$ cm，$\lambda=5.357$ cm，$s\in(0.1\text{ cm},4.5\text{ cm})$，步长0.1 cm，$l\in(2\text{ cm},20\text{ cm})$，步长2 cm)

因此HH极化下也能得到类似于式(3.96)的表达式。在已知两种同极化方式VV、HH的后向散射系数的情况下，建立方程组即可消去粗糙度参数Rs，得到法向入射的菲涅耳反射系数Γ^0，从而计算得到土壤水分含量m_v。

为分析不同入射角对经验模型的影响，本书利用不同入射角下经验计算式(3.96)计算的后向散射系数与AIEM模拟的后向散射系数进行对比，结果如表3.2所示。

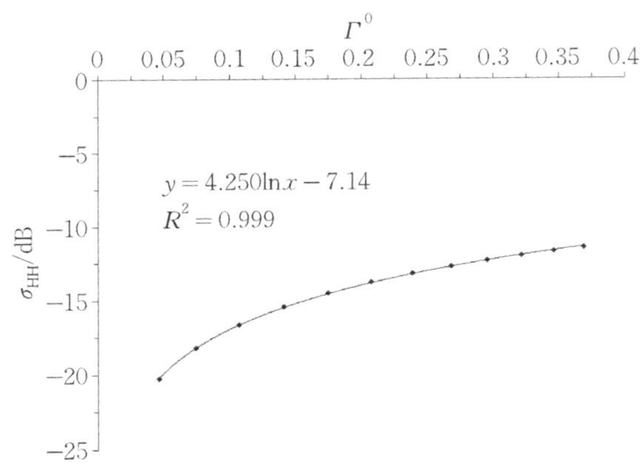

图 3.10 HH 极化下 σ_{HH} 与 Γ^0 拟合的相关关系（$\theta_i=30°$，$\lambda=5.357$ cm，$Rs=0.15$ cm，$m_v\in(0.01,0.35)$，步进 0.03）

表 3.2 VV 极化不同入射角下经验模型与 AIEM 模拟结果对比

入射角	10°	15°	20°	25°	30°	35°	40°	45°	50°	55°	60°
相关系数	0.992	0.994	0.995	0.996	0.996	0.996	0.995	0.994	0.995	0.995	0.995
均方根误差/dB	0.767	0.639	0.512	0.431	0.352	0.348	0.382	0.385	0.384	0.387	0.417

3.3.2 研究区与数据

研究区为甘肃省张掖地区黑河流域中游的兰州大学草原生态研究所草地实验站，位于河西走廊中段，地势平坦，光热资源充足，年内温差较大，多年平均气温为6～8℃，年日照时数为 3 000～4 000 h，年蒸发量为 1 400～2 800 mm，年平均降水量为 121.5 mm，属大陆性气候干旱区。研究区中心位置为北纬 39.250°，东经100.006°，海拔 1 385 m。地面特征以盐碱化的裸地为主，有少量的稀疏苔草，土壤质地为砂土占 16.7%，泥砂占 74.8%，黏土占 8.5%。

本书的试验数据来源于 2008 年进行的“黑河综合遥感联合试验”（李新 等，2008）。稀疏植被和裸露地表样点共 25 个，每个样点需对地表土壤水分和地表粗糙度进行测量。土壤水分数据由人工同步观测获取，采用环刀法或者 TDR 人工采样，测得的土壤体积含水量在 15%～37%。地表粗糙度的获取是采用一个长1 米、有 101 个等距排列探针的粗糙度板测量土壤剖面实现的（图 3.11）。每两个相邻探针之间的间距是 1 cm，每个样点东西向和南北向各测一次，得到土壤剖面粗糙数据，并依据公式计算粗糙度参数。后向散射系数由一个装载 C 波段雷达天线的散射计获取，散射计由卡车牵引，天线距地面约 18 m，4 种极化方式（VV、VH、HH 和 HV）。

图 3.11　相关长度 l 和均方高度 s 的测量

3.3.3　实验与结果分析

由于本书是针对双极化微波数据的土壤水分反演研究，本次实验的雷达入射角均在 30°左右，取本次实验 35 个实测点数据中的 20 个来拟合出模型经验系数，剩余 15 个点用来验证模型反演的土壤水分。经实测数据拟合得到的经验模型表达式如式(3.97)和式(3.98)所示，即

$$\sigma_{\mathrm{VV}} = -143.272\ln(\Gamma^0) + 113.851\ln(\Gamma^0) \times \mathrm{e}^{-\frac{Rs^{0.125}-1.253}{0.189}} - 154.702\mathrm{e}^{-\frac{Rs^{0.125}-1.253}{0.189}} + 181.742 \tag{3.97}$$

$$\sigma_{\mathrm{HH}} = -179.515\ln(\Gamma^0) + 156.507\ln(\Gamma^0) \times \mathrm{e}^{-\frac{Rs^{0.125}-0.825}{0.181}} - 220.194\mathrm{e}^{-\frac{Rs^{0.125}-0.825}{0.181}} + 252.564 \tag{3.98}$$

图 3.12 为经验模型反演的土壤水分与地表实测土壤水分的散点图。

由图 3.12 中可知，土壤水分反演值与实测值的相关性比较高，$R^2=0.681$，均方根误差 $RMS=0.043$。在 15 个验证样点中，两者相差 0.05 以内的点有 11 个，相差在 0.05～0.1 的点有 4 个，获取了较好的反演精度。

对于误差产生的原因，首先，实测的土壤水分是来自于同一质地的土壤，在土壤水分的绝对值上具有一定的系统偏差，研究表明需要考虑土壤质地对式(3.96)的影响。其次，经验模型适用的粗糙度范围较宽($S \in (0.1\ \mathrm{cm}, 4.5\ \mathrm{cm})$)，能用于大部分的自然地表后向散射的模拟，这是该模型一个突出优势，但也会使土壤水分的反演误差变大。最后，当粗糙度较大时，后向散射系数会趋于饱和，会掩盖土壤水分对后向散射的影响，导致反演的土壤水分产生一定的误差。

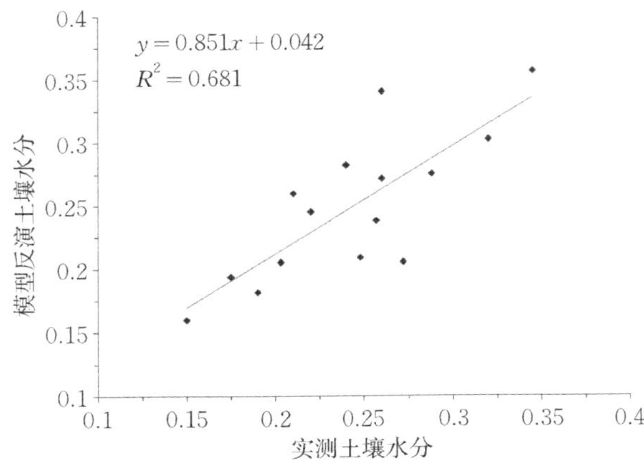

图 3.12　经验模型反演的土壤水分与地表实测值的比较

综合以上情况，本书的经验算法反演的土壤水分虽然与实测值存在一定的偏差，但是该模型适用于粗糙度范围较广，不需测量粗糙度参数即可实现土壤水分的反演，具有较大的应用价值。

3.3.4　结　论

本书提出一种基于双极化微波数据的裸露地表土壤水分反演经验模型，通过引入一种新的粗糙度参数 $Rs=\sqrt{s^2/l}$，将两个粗糙度参数合二为一，从而经验模型的未知量减少为 Rs 和土壤体积含水量 m_v。并基于 AIEM 模型模拟，建立后向散射系数与 Rs 和 m_v 的关系，最终得到经验模型的表达式。利用黑河地面实测数据对模型进行验证，结果表明：

(1)本书的经验模型适用于较宽的粗糙度范围 $s\in(0.1\ \text{cm},4.5\ \text{cm})$，不需要测量地表粗糙度参数，仅需两个同极化的微波数据即可实现土壤水分的反演，并且土壤水分反演精度较高 ($R^2=0.681$, $RMS=0.043$)，表明该模型在土壤水分反演方面极具潜力。

(2)在地面比较粗糙时 (Rs 较大)，雷达信号容易饱和，土壤水分反演的结果会有较大的误差，从实验的结果来看，当 $s<3.5$ cm、$l\in(4\ \text{cm},18\ \text{cm})$时模型能取得较高的反演精度。

(3)依据式(3.96)可知，多角度的数据也能组成方程组解得土壤水分，可以进一步地探讨多极化多角度下的土壤水分反演模型，提高土壤水分的反演精度。

由于本次实验的实测数据有限，仅采用地基散射计的数据对模型进行了初步验证，今后的研究中将考虑采用星载 SAR 数据对该模型进行验证。这对于快速准确地获取大范围地面上土壤水分极具应用价值，尤其适用于地表情况复杂、粗糙度难以精确测量的地区。

第4章　基于TU-WIEN算法的地表土壤水分变化监测

本章针对Wagner在1999年提出的经典的TU-WIEN算法的不足做出了若干改进，如利用自适应时间窗口生成关键的模型参数，以取代以往人为定义的经验函数；采用统计的方法剔除多年观测数据中偶尔出现的异常值，以保证确定干、湿参考线的稳定性和可靠性。并利用改进后的算法进行了地表土壤水分遥感实验。最后将主动微波散射计ASCAT反演的结果同被动微波辐射计AMSR-E的产品进行了多源遥感融合，得到地表土壤含水量的绝对值产品。

4.1　TU-WIEN方法介绍

目前在国际上，针对先进散射计(advanced scatterometer，ASCAT)最有代表性的算法是TU-WIEN地表土壤水分反演算法。该算法由Wagner等(1999a)提出，专门针对SCAT散射计特性定制，充分利用了SCAT散射计多角度、高时间分辨率和长时期连续观测的特点。该算法的核心是一种基于时间序列变化监测的半经验后向散射模型，用以描述地球表面某一特定地点的地表散射特性(Wagner et al，1999a)。Wagner将从不同角度观测得到的微波后向散射观测数据归化为一个标准参考角，角度选为40°。利用SCAT散射计多角度观测的能力，从同一地点的长时间序列的散射计观测数据中估算得到随时间变化的模型参数，用以消除和补偿地表植被的季节性影响。通过统计回归分析同一地点、长时间的观测数据中出现的极小、极大值来确定该地点在极干、极湿条件下的干湿参考线。最后将标准化且消除植被影响的微波后向散射值与干湿参考线比较以确定地表的干湿程度，所获取的土壤湿度是一个代表土壤表层5 cm范围内，从0(干燥)到1(饱和)的土壤水分饱和度指标(Bartalis，2009)。与利用复杂的方法描述影响散射的全部参数不同，TU-WIEN算法考虑复杂地表的粗糙、不均一及地表植被覆盖，利用长时间的海量观测数据借助统计回归的方法反演地表土壤水分，克服了物理基础的反演模型在大尺度的有效性和参数化方面的缺陷，大大增强了遥感反演土壤水分的稳定性。Wagner首先将该算法应用于马里、伊比利亚半岛、乌克兰和加拿大平原的试验中，取得了良好的试验效果(Wagner et al，1999a，Wagner et al，1999b，Wagner et al，1999c，Wagner et al，2000)；其后，该方法在其他学者的一系列试验和应用中得到了进一步的肯定(Njoku et al，2003；Brocca et al，2010；Dente et al，

2012)。

但是该算法也存在一些不足。例如,估算随时间变化的模型参数时使用到的经验函数大大限制了算法在不同区域的应用和推广;海量数据中出现的异常数据会显著影响干湿参考线标准,甚至给最终结果带来致命错误。此外,此方法得到的结果只是一个反映土壤水分相对变化的饱和度指标,在很多实际应用领域使用不便,不能完全满足实际生产需求。本节在 Wagner 提出的经典 TU-WIEN 算法的基础上,针对上述不足做出部分改进,以期更有效地满足实际需求。

算法主要流程如图 4.1 所示。

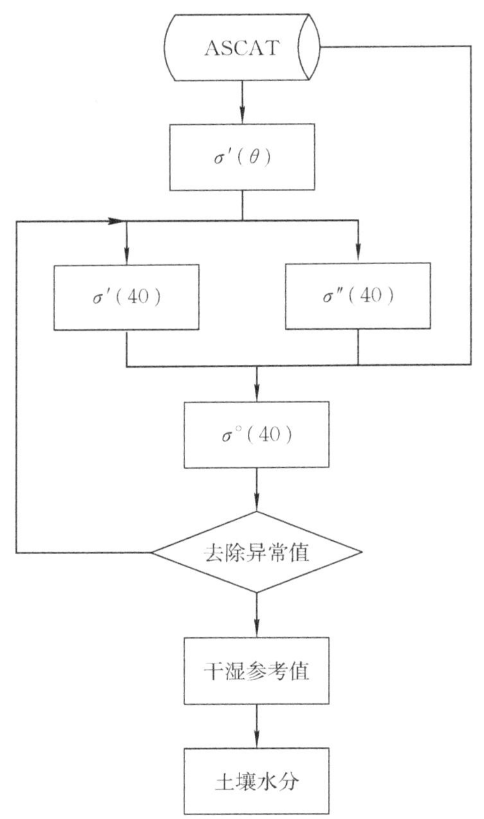

图 4.1　TU-WIEN 算法流程

4.2　利用多角度信息计算 $\sigma'(\theta)$

ASCAT 有前、中、后三根天线,在卫星飞临目标上空时,前、中、后三根天线分别形成一次对地观测。这样在同一时间可以获得三次观测,扣除地形因素,前后视的入射角不同，所以实际可获得同一时间从两个不同角度对同一目标的卫星观测。利用 ASCAT 的这一特性，计算不同角度下的 $\sigma'(\theta)$ 值，计算公式为（Wagner，1998）

$$\sigma'\left(\frac{\theta_{\mathrm{m}}-\theta_{\mathrm{f/a}}}{2}\right)=\frac{\sigma_{\mathrm{m}}^{0}(\theta_{\mathrm{m}})-\sigma_{\mathrm{f/a}}^{0}(\theta_{\mathrm{f/a}})}{\theta_{\mathrm{m}}-\theta_{\mathrm{f/a}}} \tag{4.1}$$

式中，σ_{m}^{0} 表示中视天线观测的后向散射，$\sigma_{\mathrm{f/a}}^{0}$ 表示前 / 后视天线观测的后向散射，θ_{m} 表示中视观测的入射角，$\theta_{\mathrm{f/a}}$ 表示前/后视观测的入射角。

4.3　考虑季节性变化的影响

Wagner 早期的算法是将历年的卫星观测数据按月份分组，每组数据按上面的步骤计算出 $\sigma'(\theta)$ 值，然后再按式(4.2) 回归得到 $\sigma'(40)$ 和 $\sigma''(40)$，即

$$\sigma'(\theta)=\sigma'(40)+\sigma''(40)(\theta-40) \tag{4.2}$$

式中，θ 代表入射角，$\sigma'(40)$ 和 $\sigma''(40)$ 是通过 $\sigma'(\theta)$ 回归得到的参数。

在伊比利亚半岛，Wagner 采用了式(4.3)和式(4.4)来描述 $\sigma'(40)$ 的季节变化（Wagner，1998），即

$$\sigma'(40,t)=C'+D'\psi'(t) \tag{4.3}$$

$$\psi'(t)=\frac{1}{2}\sin\left(\frac{2\pi}{12}(t-3)\right) \tag{4.4}$$

式中，C' 是常数，D' 代表 $\sigma'(40)$ 的动态范围，ψ' 是经验的周期函数，t 代表月份。

经验函数简单直观，使用方便，并且在小范围的区域试验中取得了不错的效果。但是对于大范围区域的应用，难以用统一的经验函数去描述整个区域的状况，即便同一区域内也存在差异，统一定义的经验函数不能准确描述各地的差异。针对不同区域需要定义不同的经验函数限制了算法在不同区域的推广，另外人为定义经验函数也增加了算法的主观因素和人为干预。

在葡萄牙的贝雅（Beja）地区，用经验函数计算的 $\sigma'(40)$ 的季节性变化如图 4.2(a)所示。

从图 4.2(a)可以看到，在伊比利亚半岛利用经验函数模拟的 $\sigma'(40,t)$（通过经验函数计算的 $\sigma'(40)$）与实测数据回归得到的 $\sigma'(40,t)$（直接从原始数据中计算得到的 $\sigma'(40)$）相比较，在 6、7 月略高，但整体趋势吻合得较好。

但是同样参数的经验函数对紧邻伊比利亚半岛的法国佩皮尼昂（Perpignan）地区的情况就不是那么乐观了，从图 4.2(b)可以看到经验函数模拟的值和从实测数据中回归得到的值虽然趋势一致，但差异已经很大。这说明同一参数构成的经验函数适用的范围有限，即便是在伊比利亚半岛东端和西端（贝雅在西端，佩皮尼昂在东，紧邻伊比利亚半岛），由于空间位置的不同，经验函数也不能完全满足

需求。

为了克服经验函数的不足，本书尝试用移动的时间窗口选取一定时间范围内的实测数据(忽略年际差异，专注分析季节性变化)，然后从选取的数据回归拟合得到一个 $\sigma'(40)$ 和 $\sigma''(40)$ 。依次移动时间窗口，即可得到连续的随时间变化的 $\sigma'(40,t)$ 和 $\sigma''(40,t)$。移动时间窗口的计算方法如图 4.3 所示，对于某一时刻 t_0，在相邻的一定时间范围(如 15 天)内搜索满足要求的观测值，然后按上述方法计算 $\sigma'(\theta)$，再按式(4.2) 拟合得到 $\sigma'(40,t_0)$ 和 $\sigma''(40,t_0)$，然后依次移动时间窗口，即可得到对应不同时间的 $\sigma'(40,t)$ 和 $\sigma''(40,t)$。

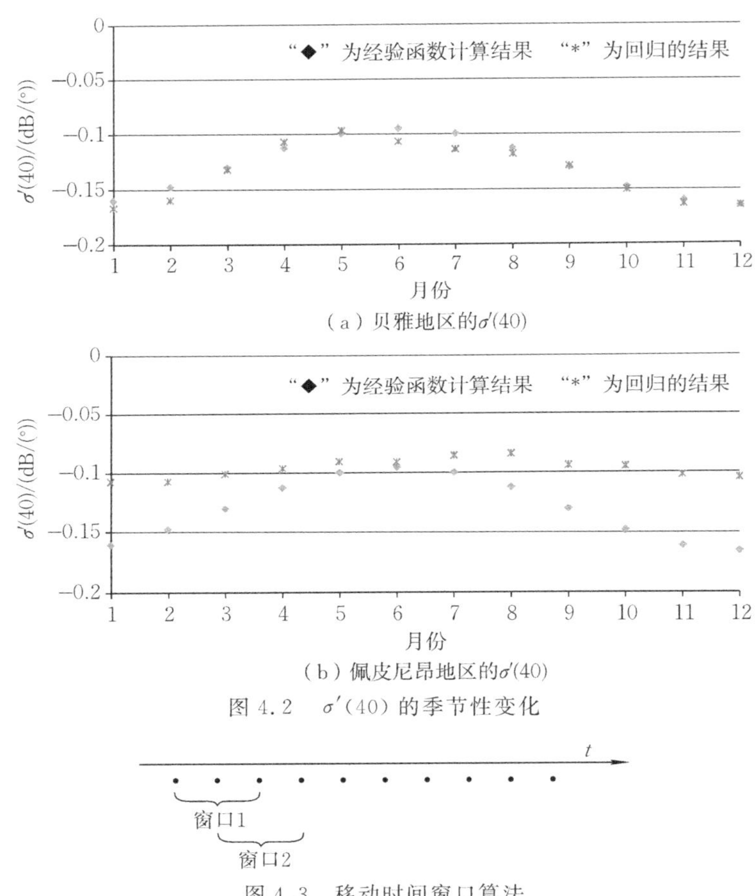

(a) 贝雅地区的σ'(40)

(b) 佩皮尼昂地区的σ'(40)

图 4.2　$\sigma'(40)$ 的季节性变化

图 4.3　移动时间窗口算法

从实测数据中，用移动时间窗口计算得到的贝雅地区和佩皮尼昂地区的 $\sigma'(40,t)$ 时间序列分布图分别如图 4.4(a)和图 4.4(b)所示。

从图 4.4 中可以看到，采用该方法得到的 $\sigma'(40,t)$ 有很好的连续性，能够反映出 $\sigma'(40,t)$ 随季节、植被生长的时间变化。用移动时间窗口计算出的 $\sigma'(40,t)$

与分月计算出的 $\sigma'(40,t)$ 吻合得非常好。并且该方法计算出的 $\sigma'(40,t)$ 曲线不是分月计算出的 12 个 $\sigma'(40)$ 散点的简单内插，能够更准确地反映出 $\sigma'(40,t)$ 随时间变化的细节。此外，该方法最大的优点是不再受不同地域分别定义经验函数的束缚，极大地扩展了 TU-WIEN 算法在不同地域的适应性（对于贝雅和佩皮尼昂都能有很好的自适应吻合，不需要人为因素的干预）。另外该方法也减少了人为干预的影响，避免了不同应用者因为定义不同经验函数而得到不同结果的分歧。

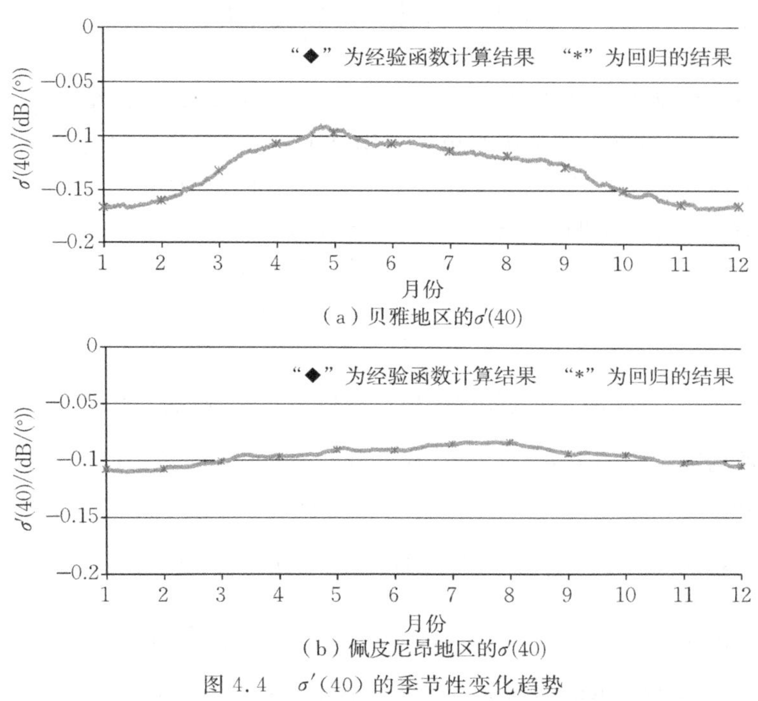

（a）贝雅地区的 $\sigma'(40)$

（b）佩皮尼昂地区的 $\sigma'(40)$

图 4.4　$\sigma'(40)$ 的季节性变化趋势

4.4　剔除异常观测值，增强系统的鲁棒性

算法的基石建立在多年海量的卫星观测数据上，而由于噪声或卫星故障等各种原因，多年大量的遥感观测数据中偶尔会出现少量异常值。极大或极小的异常值虽然数量不多，但是却对算法中的干湿参考基准的确定造成了极大的困扰。为了避免这些异常观测值的干扰，增强系统的鲁棒性，我们尝试用概率的方法剔除了多年观测中的一些极端值，使系统观测值在合理的区间波动：

(1)将多年观测数据归一化。

(2)然后计算出多年观测值的均值 μ 和标准差 σ。

(3)假设多年观测数据符合正态分布，定义显著性水平 α，计算双侧置信区间

$(\mu - u\alpha/2, \mu + u\alpha/2)$。

(4)剔除置信区间以外的观测值。

剔除异常值后系统具备更强的鲁棒性，但是如何做到既剔除异常值，又不损失系统的敏感性，对土壤水分的短时急剧波动和极端天气能灵敏感，应还需要继续深入研究。

4.5　土壤水分反演

植被对后向散射 σ^0 的影响可能为正也可能为负，随着植被生长时，植被冠层的透过率降低，土壤散射部分因为植被的阻挡而减少，而植被散射部分得以增加。总的后向散射 σ^0 是增加还是减少取决于土壤贡献部分和植被贡献部分谁更显著。对1阶辐射传输方程中的植被相关项 τ 求偏导可得

$$\frac{\partial \sigma_t^0}{\partial \tau} = \frac{\partial}{\partial \tau}\left[\frac{\omega \cos\theta}{2}(1 - e^{-\frac{2\tau}{\cos\theta}}) + \sigma_s^0(\theta) e^{-\frac{2\tau}{\cos\theta}}\right] = \left[\frac{\omega \cos\theta}{2} - \sigma_s^0(\theta)\right] \times \frac{2}{\cos\theta} \times e^{-\frac{2\tau}{\cos\theta}} \tag{4.5}$$

当 $\frac{\omega\cos\theta}{2} = \sigma_s^0(\theta)$ 时，土壤散射和植被散射达到平衡，这个角度被称为交叉角。根据历年观测数据中的极大、极小值，代入式(4.6)和式(4.7)计算出极干、极湿条件下的 $\sigma^0(\theta_{dry}, t)$、$\sigma^0(\theta_{wet}, t)$ (Wagner, 1998)，即

$$\sigma_{dry}^0(40, t) = \sigma^0(\theta_{dry}, t) - \sigma'(40)(\theta_{dry} - 40) - \frac{1}{2}\sigma''(40)(\theta_{dry} - 40)^2 \tag{4.6}$$

$$\sigma_{wet}^0(40, t) = \sigma^0(\theta_{wet}, t) - \sigma'(40)(\theta_{wet} - 40) - \frac{1}{2}\sigma''(40)(\theta_{wet} - 40)^2 \tag{4.7}$$

式中，θ_{dry}、θ_{wet} 分别代表极干和极湿条件下的交叉角，$\sigma'(40)$ 和 $\sigma''(40)$ 为4.2节中计算得到的季节性参数，$\sigma^0(\theta_{dry}, t)$、$\sigma^0(\theta_{wet}, t)$ 代表干、湿参考线，从历年数据中的极大、极小值中拟合得到。

将卫星观测值代入式(4.5)，得到土壤含水量，即

$$m_v(t) = \frac{\sigma^0(40, t) - \sigma_{dry}^0(40, t)}{\sigma_{wet}^0(40, t) - \sigma_{dry}^0(40, t)} \tag{4.8}$$

式中，$m_v(t)$ 代表土壤含水量。

4.6　多源数据融合

将ASCAT产品同其他遥感和地面数据源进行融合。除了ASCAT散射计被用于地表土壤水分反演外，许多被动微波传感器如AMSR-E、土壤水分和海洋观

测仪(the soil moisture and ocean salinity,SMOS)也表现出了出色的性能。地面也有一些高质量的地面站点观测网,如美国的 SMEX 观测网。将 ASCAT 产品同其他遥感和地面的数据产品结合能够互相取长补短,提高遥感对地反演的效果。图 4.5 是用 2007 年整年的 AMSR-E 数据校正 ASCAT 动态变化范围后得到的结果。

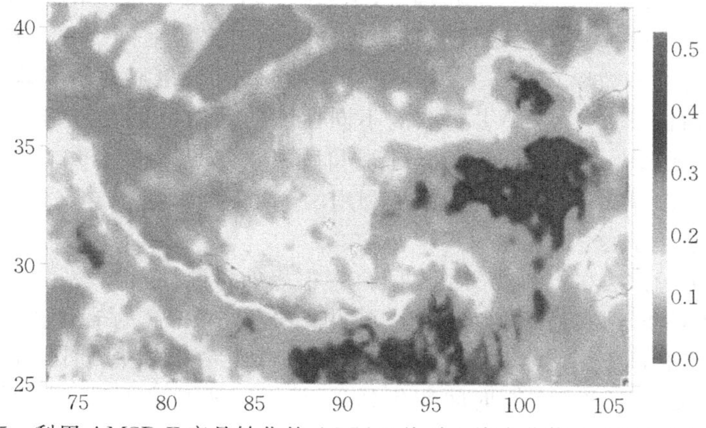

图 4.5　利用 AMSR-E 产品转化的 ASCAT 绝对土壤水分值(2007 年 6 月平均)

图 4.5 加入了 AMSR-E 的产品信息,所以最后结果在空间分布趋势上有向 AMSR-E 产品趋近的趋势,但是在时间上的变化完全由 ASCAT 传感器决定。ASCAT 可以在时间上长时间连续观测是其他传感器不具备的优势,但是由于利用的 AMSR-E 土壤水分反演算法的限制,在沙漠地区和干旱的冬季有大量的无效值,所以导致转换得到的 ASCAT 土壤水分存在不足,如图 4.5 中的塔克拉玛干沙漠部分明显存在空间分布上的不连续,这是由于数据的缺失造成的。同地区的 SMOS 产品也存在同样的问题,存在大量的数据缺失。

第 5 章　综合 SSM 和 TU-WIEN 方法的地表土壤水分反演

将 SSM 同 TU-WIEN 算法相结合，本章提出了一种新的适用于 ASCAT 散射计的地表土壤水分遥感算法。首先将多年的观测数据压缩到一年的模板中，增加单位时间内的样本数以有利于有序的统计和回归分析；在限制角度差和选择合适时间窗口的前提下，将 ASCAT 获取的不同角度的后向散射观测归一化到两个标准参考角，中视归一化到 40°参考角，前视和后视观测归一化到 50°参考角，再利用数理统计的方法剔出异常观测值，最后利用两个角度的观测结合 SSM 构建新的反演模型解算土壤水分。

实验证实新方法与实地观测值之间有着很好的一致性，相关系数达到 0.870 7，均方根误差(RMS)达到约 0.04 的水平，证明新方法有着很高的土壤水分反演精度。

最后本章利用新方法反演了 2008 年至 2011 年青藏高原地区的土壤水分状况，并做了简要的空间分布与时间变化分析，填补了青藏高原这一关系全球能量、水汽循环的重要地区的数据缺失。

5.1　SSM 与 AIEM 的关系

由 Fung(1992)提出、Wu 等(2004)改进的 AIEM 是一个在业内取得广泛认同的严格理论模型，被大量地应用于地表的微波散射、辐射的模拟和分析。该模型建立在严谨的电磁理论基础上，通过一系列复杂的原始积分方程推导，对连续粗糙度和介电特性的表面散射和辐射特征进行模拟，能够在一个很宽的地表粗糙度范围内逼近实际地表的电磁波作用状况。但由于 AIEM 形式复杂、参数众多，而且有些参数必须由实地状况确定，因此不能直接用于遥感地表土壤水分的反演。

Shi 等(1997)在研究中发现，在一般自然地表状况下，后向散射系数与菲涅耳反射率之间的关系可以用一个简化的函数来表示，即

$$\sigma_{VV}^{0}(\theta)=A(\theta,s,l)\Gamma_{VV}(\theta)^{B(\theta)} \tag{5.1}$$

式中，A 是由与均方根高度 s、相关长度 l 及入射角 θ 决定的粗糙度参数，参数 B 受粗糙度微小影响但主要与入射角 θ 相关，Γ_{VV} 和 σ_{VV}^{0} 分别表示 VV 极化的菲涅耳反射率和后向散射系数。该模型被称命名为简单散射模型(simplified scattering model，SSM)。

在 SSM 中的模型参数由 AIEM 进行标定：该方法利用 AIEM 模拟得到各种地表粗糙度和入射角条件下微波后向散射系数和地表菲涅耳反射率的对应关系，通过数值模拟，将模拟的样本代入式(5.1)，利用非线性最小二乘回归可以计算得

到参考数A和B。如果考虑入射角θ和粗糙度参数s、l对后向散射系数的影响，需要进一步细化式(5.1)，即需要考虑参数A、B与θ、s、l的关系，通过数值模拟获取$A(\theta,s,l)$和$B(\theta,s,l)$，通过前人的研究发现(王建明，2005；孙瑞静，2010)，可以直接建立参数B与入射角度θ的关系$B(\theta)$，或者特定入射角下参数A与粗糙度参数s^2/l的关系。最后通过ERS散射计同一时相两个角度的观测建立两个方程式组求解地表菲涅耳反射率，继而得到土壤含水量。

王建明(2005)利用SSM成功完成了ERS散射计对地表土壤水分的反演。SSM方法根植于目前最成功、适用范围最广的理论模型AIEM，并且克服了AIEM公式艰涩、复杂且参数繁多、难以获取的缺点，仅利用少数卫星观测量成功地完成了对地表土壤水分的解算，在无植被覆盖的小入射角观测条件下取得了不错的效果。

5.2　SSM和AIEM误差分析的必要性

SSM的关键参数都是建立在AIEM标定的基础上，所以有必要分析SSM模拟值与AIEM模拟值之间的误差。而且已有的应用都是针对ERS卫星上搭载的SCAT散射计，没有应用于欧洲气象卫星MetOp上的ASCAT散射计的经验，ASCAT散射计在工作频率和观测入射角上和原来的SCAT均存在差异(工作频率更高，入射角更大)，所以需要针对ASCAT的参数设置重新评估SSM的模拟效果。下面针对MetOp系列卫星上搭载的ASCAT的参数配置，具体分析SSM与AIEM之间的模拟误差。

ASCAT传感器在550 km的幅宽上布设有21个垂直于轨道方向的节点。ASCAT中视的入射角范围在25°～53°，前、后视的入射角范围大约在34°～65°(原SCAT的入射角范围为中视范围为18°～46°，前、后视范围为25°～57°)，ASCAT的幅宽比SCAT拓展了50 km，在行扫描带上增加了2个节点，观测入射角比SCAT增大了6°～8°。ASCAT行扫描带上的21个节点(单侧)分别对应的前、中、后观测入射角如表5.1所示。

表5.1　ASCAT前、中、后视入射角　　单位：(°)

天线	1	2	3	4	5	6	7	8	9	10	11
前	36.7	38.6	40.4	42.2	43.9	45.5	47.1	48.6	50.0	51.4	52.7
中	27.5	29.1	30.7	32.2	33.6	35.1	36.5	37.8	39.1	40.4	41.7
后	36.7	38.6	40.4	42.2	43.9	45.5	47.1	48.6	50.0	51.4	52.7
天线	12	13	14	15	16	17	18	19	20	21	
前	53.9	55.2	56.4	57.5	58.6	59.6	60.6	61.6	62.5	63.5	
中	42.9	44.1	45.3	46.4	47.5	48.5	49.5	50.5	51.4	52.4	
后	53.9	55.2	56.4	57.5	58.6	59.6	60.6	61.6	62.5	63.5	

ASCAT的工作频率为5.255 GHz，比SCAT的5.3 GHz也略有提高。

5.3 SSM的误差分析

5.3.1 构建针对ASCAT参数的AIEM模拟数据库

针对ASCAT散射计的工作频率(5.255 GHz)和入射角范围(25°～65°),用AIEM在以下地表粗糙度范围和土壤水分含量范围内进行模拟,以建立地表后向散射模拟数据库。AIEM模拟的参数范围设定如表5.2所示。

表5.2 AIEM模拟的参数范围设定

参数	范围	间隔
入射角/(°)	25～65	2
均方根高度/cm	1.0～2.5	0.25
相关长度/cm	5～30	2.5
土壤水分/%	0.1～0.4	0.025
相关函数	指数函数	

在上述模拟过程中应考虑到单次散射IEM的适用范围($ks<3$,k为自由空间波数,s为均方根高度)和地表粗糙度坡度限制($slope<0.5$)。

5.3.2 SSM与AIEM之间的误差

利用AIEM建立的地表后向散射模拟数据库,在对参数A、B无任何限制条件时,直接对公式$\sigma_{VV}^0(\theta)=A(\theta,s,l)\Gamma_{VV}(\theta)^{B(\theta)}$中的$A$、$B$进行非线性最小二乘回归拟合。SSM模拟值与AIEM模拟值之间的关系如图5.1所示。

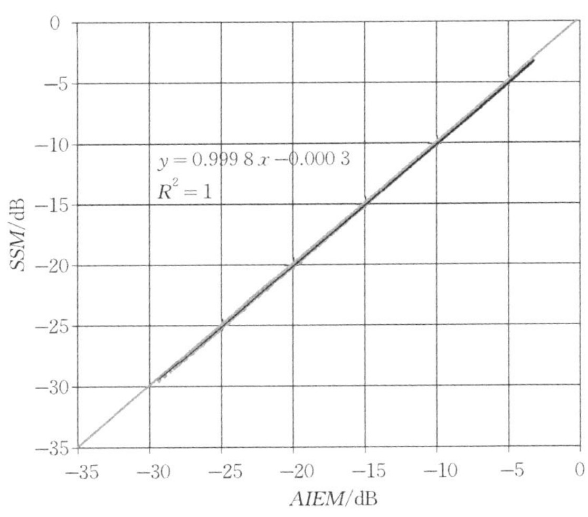

图5.1 SSM和AIEM模拟值对比分析(一)

SSM 模拟值与 AIEM 模拟值之间的误差统计如图 5.2 所示。

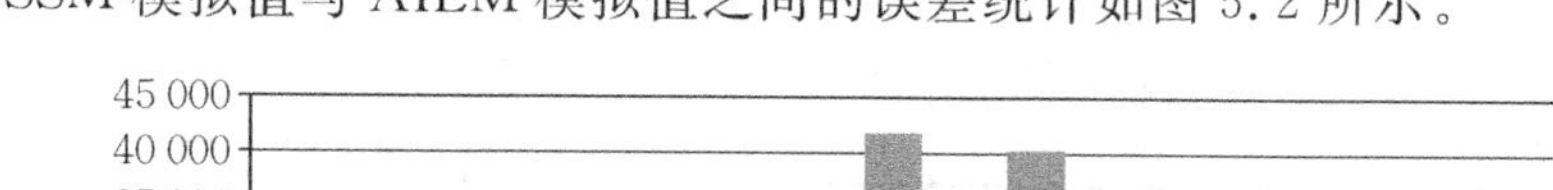

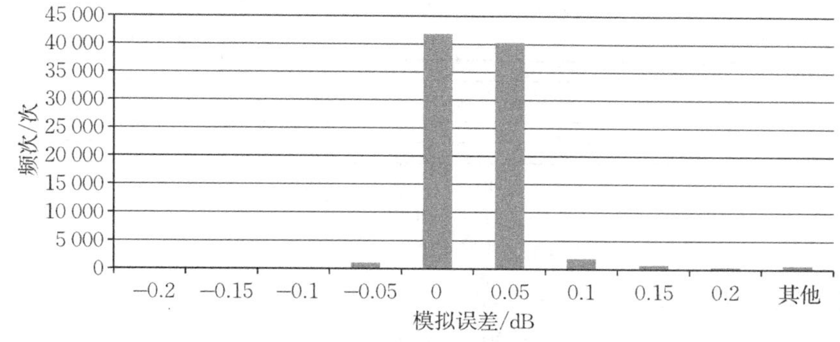

图 5.2　SSM 和 AIEM 误差统计分析(一)

从图中可以看到,SSM 模拟值和 AIEM 数据库之间的绝大部分误差都在 0.04 dB 之内。其中,误差随角度变化的关系如图 5.3 所示。

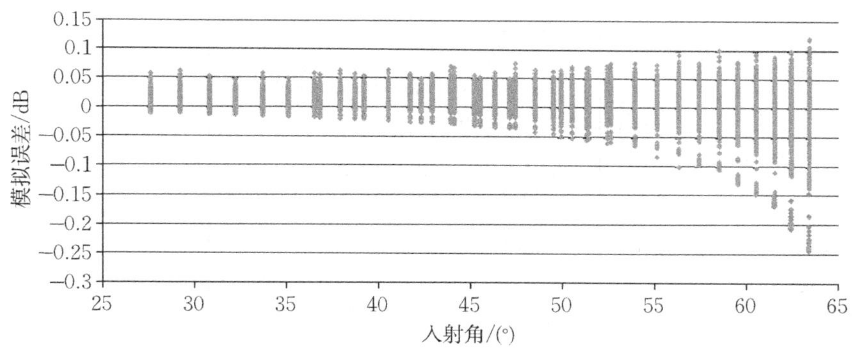

图 5.3　SSM 与 AIEM 误差随入射角变化分析(一)

从图 5.3 中可以看到,SSM 模拟得到的后向散射值与 AIEM 模拟值之间的误差很小:小角度时大约在 0.05 dB 以下,随着角度增大误差有所增大,但也控制在 0.25 dB 以内。

5.3.3　约束参数 *B* 时 SSM 的误差

在无约束条件下,SSM 模拟值虽然能和 AIEM 模拟值达到很好的吻合,但是模型中的参数 A、B 只对特定粗糙度条件适用,而地表的粗糙度千差万别又难以实地测量,因此有必要探寻模型参数与非粗糙度参量之间的关系。一般认为参数 B 主要与入射角相关,经分析发现在本次试验规定的模拟范围内,参数 B 与入射角的关系如图 5.4 所示。

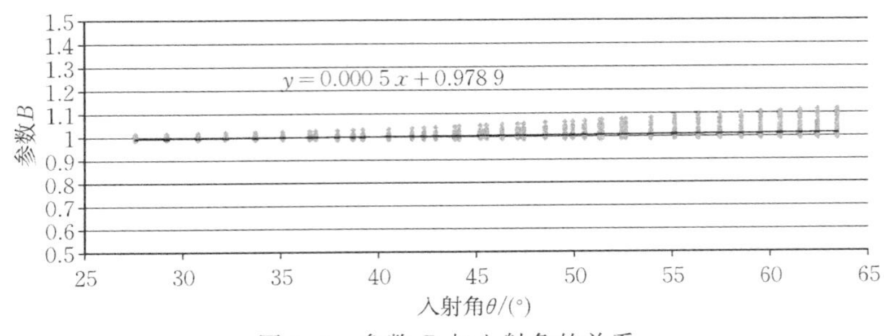

图 5.4 参数 B 与入射角的关系

用式(5.2)对参数 B 进行约束，即

$$B = 0.0005 \times \theta + 0.9789 \tag{5.2}$$

加入参数 B 的约束条件后，SSM 模拟值与 AIEM 模拟值之间新的关系如图 5.5 所示。

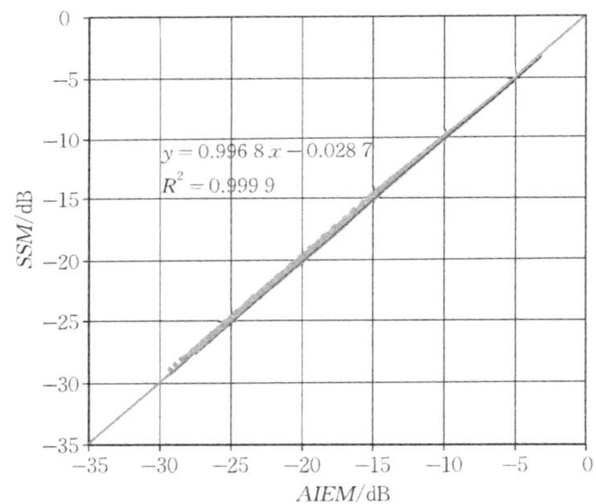

图 5.5 SSM 和 AIEM 模拟值对比分析(二)

SSM 模拟值与 AIEM 模拟值之间的误差统计如图 5.6 所示。

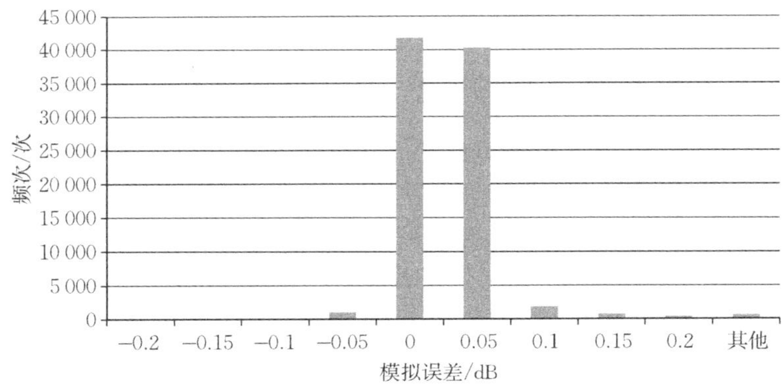

图 5.6 SSM 和 AIEM 误差统计分析(二)

从图 5.6 中可以看到，SSM 模型模拟值和 AIEM 数据库之间的绝大部分误差都在 0.06 dB 之内。其中，误差随角度变化的关系如图 5.7 所示。

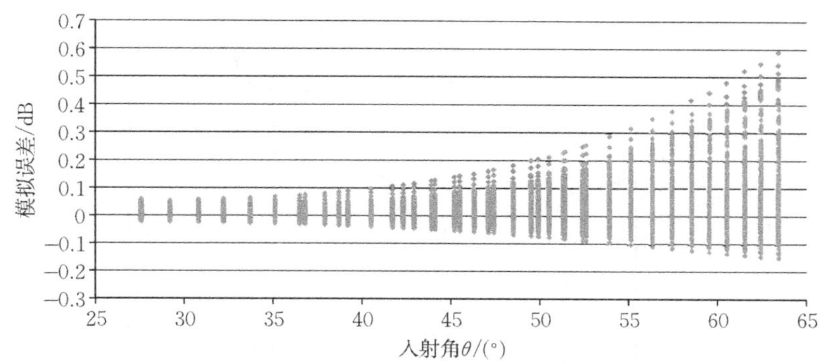

图 5.7　SSM 与 AIEM 误差随入射角变化分析(二)

从图 5.7 中可以看到，SSM 模拟得到的后向散射值与 AIEM 模拟值之间的误差很小：小角度时大约在 0.08 dB 以下，随着角度增大误差有所增大，但也控制在大约 0.5 dB 以内。

5.3.4　同时约束参数 *A*、*B* 时 SSM 的误差

除了参数 B 外，参数 A 也是 SSM 中的一个重要参数，一般认为参数 A 与地表粗糙度和观测入射角有关。因为粗糙度的差异，即使在相同入射角和土壤水分条件下，各地适用的参数 A 也可能会不一样，因此有必要进一步分析参数 A 和地表粗糙度之间的关系。试验分析表明，在入射角固定的情况下，参数 A 和地表均方根高度 s 和相关长度 l 存在如下关系（孙瑞静，2010），即

$$A(\theta)=\frac{P_2(\theta)}{(\sqrt{s^2/l}+P_1(\theta))^2}+\frac{P_3(\theta)}{\sqrt{s^2/l}+P_1(\theta)}+P_4(\theta) \tag{5.3}$$

式中，P_1、P_2、P_3、P_4 是与角度相关的系数。

对于 ASCAT 的 21 对观测角，用式(5.3)计算的参数 A 和模拟 SSM 原来拟合的参数 A 之间均存在良好的经验关系。

同时加入参数 A、B 的约束条件后，SSM 模拟值与 AIEM 模拟值之间的关系如图 5.8 所示。

SSM 模拟值与 AIEM 模拟值之间的误差统计如图 5.9 所示。

从图 5.9 中可以看到，SSM 模拟值和 AIEM 数据库之间的绝大部分误差都在 0.5 dB 之内。其中，误差随角度变化的关系如图 5.10 所示。

从图 5.10 中可以看到，SSM 模拟得到的后向散射值与 AIEM 模拟值之间的误差绝大部分都控制在 0.5 dB 以内。这个量级的误差和 ASCAT 传感器的辐射分辨率相当，在可以接受的范围内，因此 SSM 对 ASCAT 散射计仍然适用。

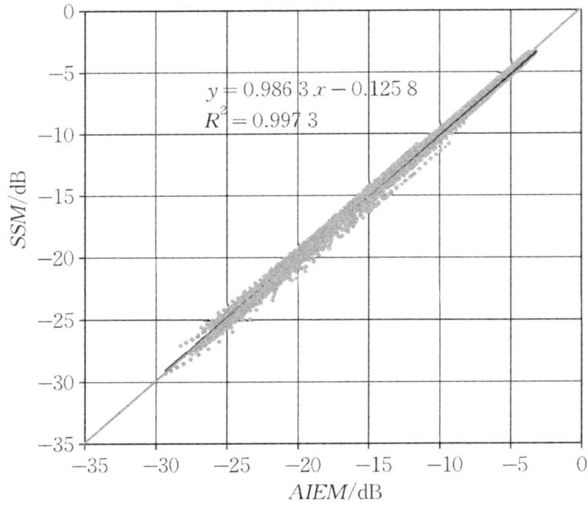

图 5.8 SSM 和 AIEM 模拟值对比(三)

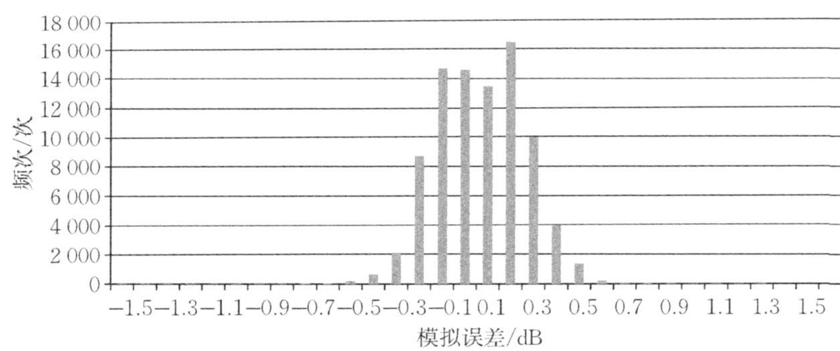

图 5.9 SSM 和 AIEM 误差统计分析(三)

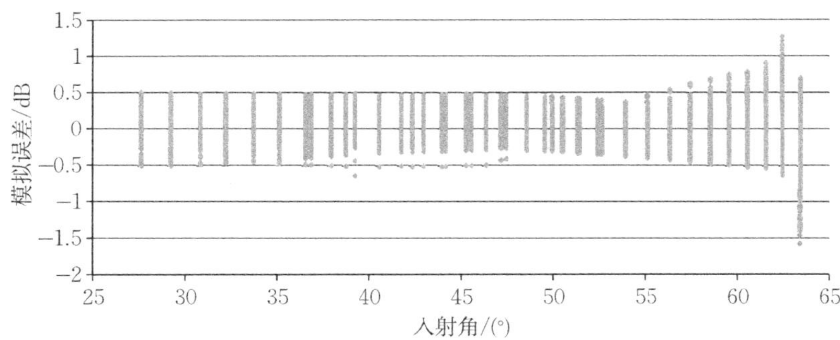

图 5.10 SSM 与 AIEM 误差随入射角变化分析(三)

5.4　综合 SSM 与 TU-WIEN 方法反演地表土壤水分

SSM 方法和 TU-WIEN 算法都在遥感反演地表土壤水分的实践中展现了各自的潜力，但同时也均存在一些不足之处。例如，SSM 方法不能很好地处理地表的植被覆盖问题，有的研究虽然采用了水云模型来校正地表植被对雷达后向散射的影响，但是这样的处理还是显得过于简单和粗糙；TU-WIEN 虽然用变化监测的方法综合考虑了地表土壤水和植被对后向散射的综合作用，但是得到的结果却仅是一个反映地表湿度变化的相对指标，在许多领域的生产应用中不能完全满足实际需求。因此本书考虑综合两种方法的优势，发展出一种既能适用植被覆盖区域又能得到土壤水分绝对值结果的遥感反演方法。

算法主要流程如图 5.11 所示。

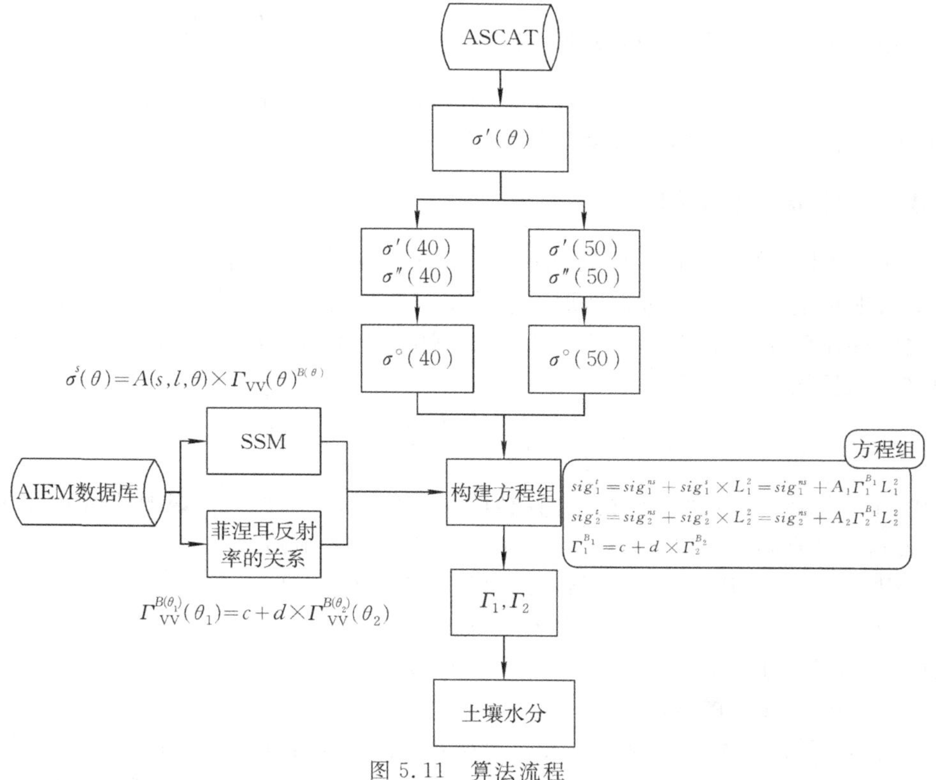

图 5.11　算法流程

5.4.1　标准参考角的选择

ASCAT 的观测入射角在 25°至 65°间变化，由于入射角对后向散射的影响，造成不同入射角的观测值不能进行比较和分析，因此有必要对不同入射角的观测值进行标准化。本研究选用 Wagner 使用的角度标准化方案，公式为

$$\sigma^0(\theta_r)=\sigma^0(\theta)-\sigma'(\theta_r)\times(\theta-\theta_r)-0.5\times\sigma''(\theta_r)\times(\theta-\theta_r)^2 \tag{5.4}$$

这里需要找到合适的标准参考角以使标准化产生的误差最小。标准化产生的误差可用式(5.5)估算，即

$$\begin{aligned}E_r&=\int_{\theta_1}^{\theta_2}(\sigma^0(\theta)-\sigma^0(\theta_r))^2\mathrm{d}\theta\\&=\int_{\theta_1}^{\theta_2}(\sigma'(\theta_r)\times(\theta-\theta_r)+0.5\times\sigma''(\theta_r)\times(\theta-\theta_r)^2)^2\mathrm{d}\theta\end{aligned} \tag{5.5}$$

当 $\dfrac{\mathrm{d}E_r}{\mathrm{d}\theta}=0$ 时，误差 E_r 达到最小，即

$$\begin{aligned}&(\sigma'(\theta_r)\times(\theta_2-\theta_r)+0.5\times\sigma''(\theta_r)\times(\theta_2-\theta_r)^2)^2=\\&\quad(\sigma'(\theta_r)\times(\theta_r-\theta_1)+0.5\times\sigma''(\theta_r)\times(\theta_r-\theta_1)^2)^2\end{aligned} \tag{5.6}$$

由于 $\sigma'(\theta_r)$ 和 $\sigma''(\theta_r)$ 可以独立变化，所以只有当 $\theta_r=\dfrac{\theta_1+\theta_2}{2}$ 时式(5.6)成立。

因为 ASCAT 前、后视的入射角范围为 35°～65°，中视的入射角范围为 25°～53°，所以取前、后视的标准化参考角为 50°，中视为 40°。

5.4.2 计算 $\sigma'(\theta)$ 和 $\sigma''(\theta)$

ASCAT 散射计在同一时间从前、中、后三个视角对地面进行观测，前视和后视的入射角基本一致(不考虑地形因素的影响)，仅有方位角的差异，中视和前、后视之间存在角度差，因此利用 ASCAT 的观测特点本研究用式(5.7)计算每组前、中、后视观测的斜率，即

$$\sigma'\left(\frac{\theta_{\mathrm{m}}+\theta_{\mathrm{f/a}}}{2}\right)=\frac{\sigma^0_{\mathrm{m}}(\theta_{\mathrm{m}})-\sigma^0_{\mathrm{f/a}}(\theta_{\mathrm{f/a}})}{\theta_{\mathrm{m}}-\theta_{\mathrm{f/a}}} \tag{5.7}$$

式中，σ^0_{m} 表示中视天线观测的后向散射，$\sigma^0_{\mathrm{f/a}}$ 表示前/后视天线观测的后向散射，θ_{m} 表示中视观测的入射角，$\theta_{\mathrm{f/a}}$ 表示前/后视观测的入射角。

得到 $\sigma'(\theta)$ 后用式(5.8)拟合出 $\sigma'(\theta_r)$ 和 $\sigma''(\theta_r)$，即

$$\sigma'(\theta)=\sigma'(\theta_r)+\sigma''(\theta_r)\times(\theta-\theta_r) \tag{5.8}$$

式中，θ 代表入射角，$\sigma'(\theta)$ 由 $\sigma'(\theta_r)$ 和 $\sigma''(\theta_r)$ 计算得到。

1. 入射角度差的限制

数理统计的可靠性是建立在大量的观测样本的基础上的，因此为了扩大观测样本的数目，我们可以暂时忽略不同年份观测的年际变化，专注分析观测值的季节性变化。将 2007 年至 2011 年五年的 ASCAT 散射计数据按照在一年中所处的位置重新排列，即将五年的数据压缩到一年的模板中，因此单位时间内的数据量增加为原来的五倍，更有益于统计分析。

严格来说，后向散射对入射角的敏感性随土壤水分条件的不同而存在一定的差异，因此在标准化过程中会产生误差。而且使用二阶泰勒级数公式进行标准化的前提是在角度差不是很大的情况下，忽略高阶项的泰勒公式的误差会随着角度差的增大而增加，所以我们考虑限制归一化的角度范围。这里我们把角度差阈值定为 10°，因为中视标准参考角（一般为 40°）与观测角均值的最小值相差大约为 10°，即

$$40^\circ - \min\left(\frac{\theta_m + \theta_{f/a}}{2}\right) \approx 10^\circ \tag{5.9}$$

角度差阈值设为 10°是一个比较合理的范围，同时很好地兼顾了大于和小于标准参考角两种情况间的平衡性。

同样，对于最大值的情况有

$$\max\left(\frac{\theta_m + \theta_{f/a}}{2}\right) - 50^\circ \approx 10^\circ \tag{5.10}$$

因此，前、后视的标准化参考角（50°）的角度差阈值也定为 10°。

2. 时间窗口的选择

选择合适的拟合时间窗口的大小非常重要：如果时间窗口太小，虽然能够反映更多细节变化，但是会因为噪声的缘故剧烈波动；如果时间窗口过大，虽然平抑了噪声的影响，但是又反映不出细节的变化。

国家气象信息中心的"中国农作物生长发育和农田土壤湿度旬值数据集"记录了当地植被生长状况，如表 5.3 所示。

表 5.3　玛曲地区农作物生长情况

年	月	旬	发育期距平	发育期日期	作物名称
2007	4	1	推迟 1 天	4 月 10 日	牧草
2008	5	1	提前 6 天	5 月 7 日	牧草
2010	5	1	提前 6 天	5 月 7 日	牧草
2011	5	1	提前 5 天	5 月 8 日	牧草
2012	4	1	提前 6 天	4 月 3 日	牧草

在表 5.3 中我们发现该地区植物的生长往往会提前或推迟，最多提前 6 天。植物生长主要表现为季节性变化，但是也是存在年际变化的，表 5.3 中的数据清楚地表明年际间植物的生长会提前或推迟，因此我们在这里把拟合窗口的时间粒度选为 1 旬至半月比较合适。

3. 季节性变化的坡度（slope）和曲率（curvature）

综合上述考量，在一年中不同季节的 $\sigma'(\theta)$ 与 θ 也存在良好的线性关系。这里计算 $\sigma'(\theta)$ 时，$\sigma^0(\theta)$ 的单位并没有用分贝（dB），因为分贝只是表征一个比值意义，不能直接用作数学运算，所以计算 $\sigma'(\theta)$ 时采用的 $\sigma^0(\theta)$ 一律使用后向散射系数的直接物理当量，是一个无纲量，其单位是 1。

利用移动时间窗口，依照式(5.8)对参数 $\sigma'(\theta_r)$ 和 $\sigma''(\theta_r)$ 进行拟合，$\sigma'(\theta_r)$ 和 $\sigma''(\theta_r)$ 随时间变化的关系如图 5.12 和图 5.13 所示。

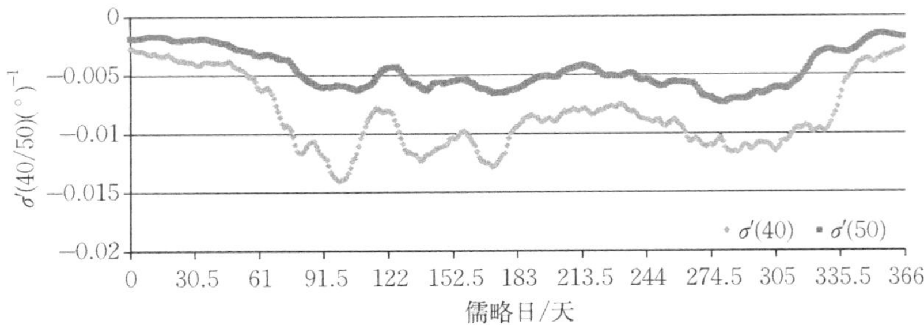

图 5.12　$\sigma'(\theta_r)$ 随时间变化的关系(CST01 站点)

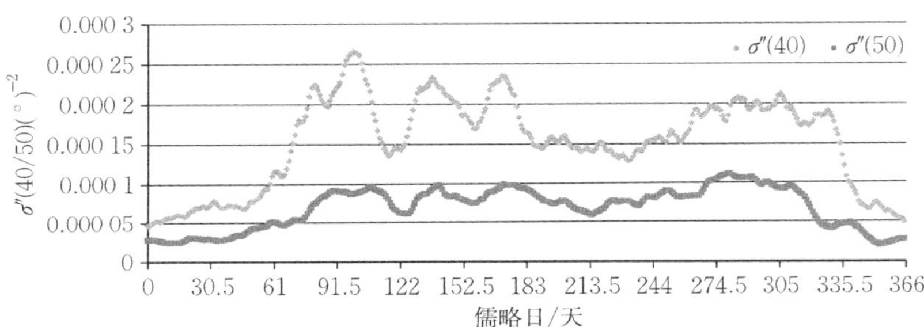

图 5.13　$\sigma''(\theta_r)$ 随时间变化的关系(CST01 站点)

同一地区全年的 NDVI 变化状况如图 5.14 所示。

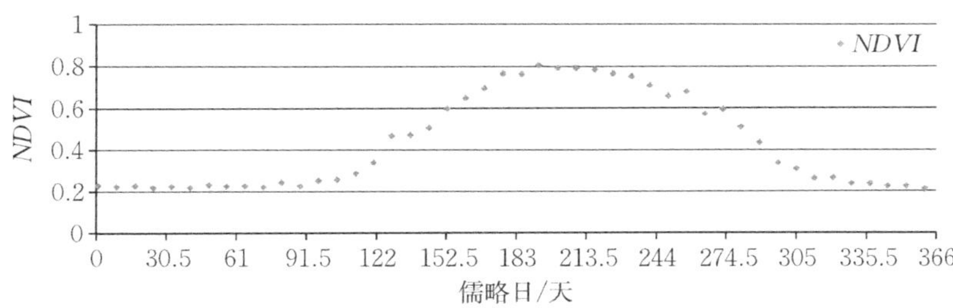

图 5.14　全年的 NDVI 时间序列(CST01 站点，2010 年玛曲)

从图中可以看到，$\sigma'(\theta_r)$ 和 $\sigma''(\theta_r)$ 呈现良好的负相关关系。并且 $\sigma'(\theta)$ 和 $\sigma''(\theta)$ 与 *NDVI* 存在一定的相关性，$\sigma'(\theta)$ 与 *NDVI* 呈负相关，$\sigma''(\theta)$ 与 *NDVI* 呈正相关。$\sigma''(\theta)$ 的值比 $\sigma'(\theta)$ 小大约两个数量级，因此式(5.8)中二次项对结果的影响比一次项要小。

5.4.3　归一化到 40°和 50°标准参考角

得到了关于时间变化的 $\sigma'(\theta_r,t)$ 和 $\sigma''(\theta_r,t)$ 后，按照式(5.8)将不同角度的

后向散射观测值,分前、后视和中视归一化到标准参考角。归一化之后的结果如图 5.15 所示。

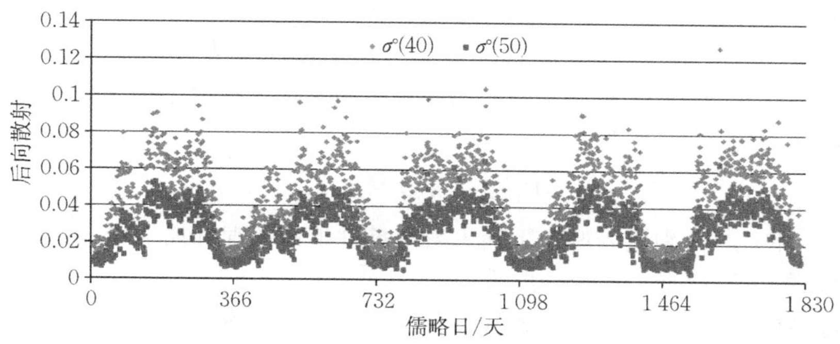

图 5.15　标准化的后向散射时间序列(CST01 站点)

从图 5.15 中可以清楚地观察到,散射计观测到的后向散射值呈现强烈的季节性变化趋势。40°角观测到的后向散射值普遍高于 50°角观测到的后向散射值,并且 40°后向散射的分布更离散,变化幅度更明显。

同时可以看到在多年的长期观测数据中存在少量的异常变化的观测值。这些异常值虽然数量不多但是对算法的危害巨大,这里采用概率统计的方法对异常值进行过滤,方法如下:

(1)应用移动时间窗口依次对长期的观测数据进行扫描。

(2)依次计算出后向散射值均值 μ 和标准差 σ。

(3)假设观测数据符合正态分布,定义显著性水平 α,计算双侧置信区间($\mu - u\alpha/2$, $\mu + u\alpha/2$)。

(4)剔除置信区间以外的异常观测值。

5.4.4　引入 SSM 方程构建土壤水分反演模型

根据 SSM 的 C 波段 VV 极化的裸露地表的后向散射值可以用式(5.11)来表示,即

$$\sigma_{VV}^{s}(\theta) = A(\theta, s, l)\Gamma_{VV}(\theta)^{B(\theta)} \tag{5.11}$$

式中,A 是由与均方根高度 s、相关长度 l 及入射角 θ 决定的粗糙度参数,参数 B 受粗糙度微小影响但主要与入射角 θ 相关,Γ_{VV} 和 σ_{VV}^{0} 分别表示 VV 极化的菲涅耳反射率和后向散射系数。

但是裸露地表只是一种极其特殊的情况,一般情况下地表都存在各种类型的地表覆盖。这里的地表覆盖是指包括植被在内的各种类型的地表覆盖,如植被、雪甚至人工建筑物,记作 σ^{ns},代表地表覆盖物的后向散射系数。假设雷达波穿透地表覆盖的单程透过率为 L ,则双程透过率为 L^2。因此,散射计观测的总的后向散射可以用式(5.12)表示,即

$$\sigma_{VV}^{t} = \sigma_{VV}^{ns} + \sigma_{VV}^{s} \times L_{VV}^{2} \tag{5.12}$$

式中，σ_{VV}^{ns} 代表非裸土直接散射分量，σ_{VV}^{s} 代表裸土的后向散射的分量，L_{VV} 代表电磁波的单程透过率，下标 VV 表示极化方式。

结合 SSM 的方程，散射计观测到的总的后向散射可以用式(5.13)表达，即

$$\sigma_{VV}^{t}=\sigma_{VV}^{ns}+\sigma_{VV}^{s}\times L_{VV}^{2}=\sigma_{VV}^{ns}+A\Gamma_{VV}^{B}L_{VV}^{2} \tag{5.13}$$

同时，经过 AIEM 发现两个不同入射角间的菲涅耳反射率的函数 Γ_{VV}^{B} 之间存在很好的线性关系，方程式为

$$\Gamma_{1}^{B_1}=c+d\times\Gamma_{2}^{B_2} \tag{5.14}$$

式中，$\Gamma_{1}^{B_1}$ 和 $\Gamma_{2}^{B_2}$ 分别代表两个不同入射角条件下的菲涅耳反射率；c、d 为方程系数，一旦入射角度确定，c、d 即为常数。

通过 AIEM 模拟，发现 VV 极化条件下，40°入射角的菲涅耳反射率 Γ_{40}^{B} 和 50°入射角的菲涅耳反射率 Γ_{50}^{B} 存在如图 5.16 所示关系。

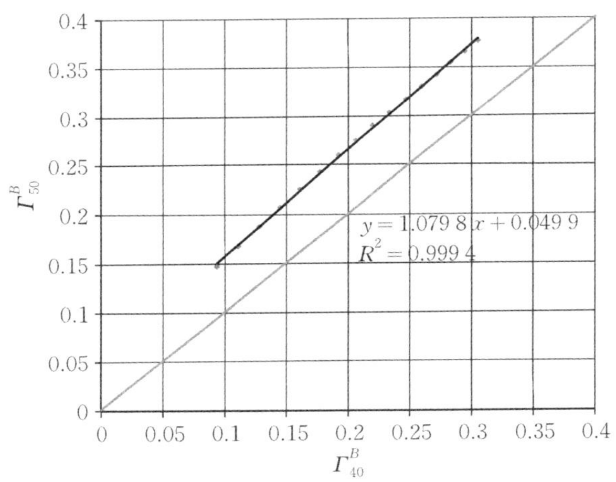

图 5.16 Γ_{40}^{B} 和 Γ_{50}^{B} 的关系(VV 极化)

结合 5.4.3 节标准化得到的两个角度下的散射计后向散射观测，我们就可以构建起下面三条约束规则，即

$$\sigma_{1}^{t}=\sigma_{1}^{ns}+\sigma_{1}^{s}\times L_{1}^{2}=\sigma_{1}^{ns}+A_{1}\Gamma_{1}^{B_1}L_{1}^{2} \tag{5.15}$$

$$\sigma_{2}^{t}=\sigma_{2}^{ns}+\sigma_{2}^{s}\times L_{2}^{2}=\sigma_{2}^{ns}+A_{2}\Gamma_{2}^{B_2}L_{2}^{2} \tag{5.16}$$

$$\Gamma_{1}^{B_1}=c+d\times\Gamma_{2}^{B_2} \tag{5.17}$$

式中，各符号含义同前。

假设在一定时间内的地面状态，除土壤水分外(因为土壤水分是一个迅速变化的参量)保持相对稳定，就可用这段时间内的所有有效观测来解算上述方程中的待定参数。在共享拟合获得公共参数菲涅耳反射率 Γ_{VV} 后，利用前述的土壤介电模型(如 Dobson 模型)即可得到土壤含水量。上述求解过程也可以用移动时间窗口处理。

5.4.5 地表土壤湿度反演结果

应用前述方法对 ASCAT 散射计数据进行反演土壤水分处理，由于各种误差的干扰和方程性质的缘故，反演结果存在一定的波动。考虑到水分变化时间上的相关性，对结果做移动窗口 5 日平均处理，得到的反演结果如图 5.17 所示（彩图见封三）。

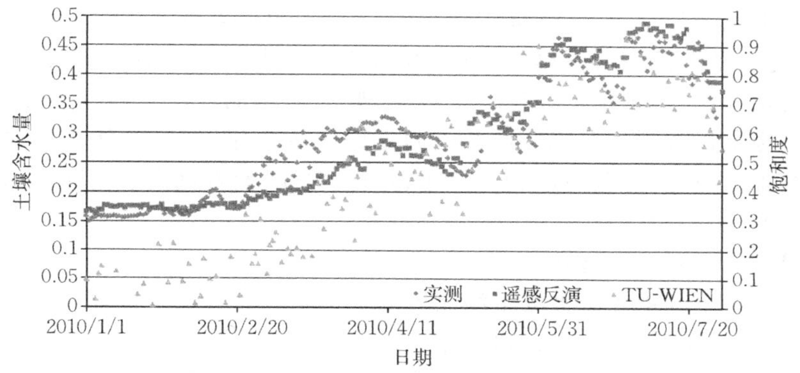

图 5.17 土壤水分反演结果比较（玛曲 CST01 站点）

图中方块（红色）散点为本书方法反演结果，菱形（蓝色）散点为 CST01 站点实地测量值，三角（绿色）为 TU-WIEN 算法计算值。图 5.17 中可以看到 TU-WIEN 算法得到的是土壤水分饱和度，是一个相对值，与生产实际中普遍使用的土壤体积含水量含义不完全相同，但是土壤体积含水量依然可以与 TU-WIEN 结果的变化趋势和实测值有很好的一致性。本书算法的结果不仅很好地反映了土壤水分在时间上的变化趋势，而且得到了一个土壤含水量的绝对物理量，对实际生产科研具有更加实际和重要的价值。

反演结果与实测值的相关性分析如图 5.18 所示。

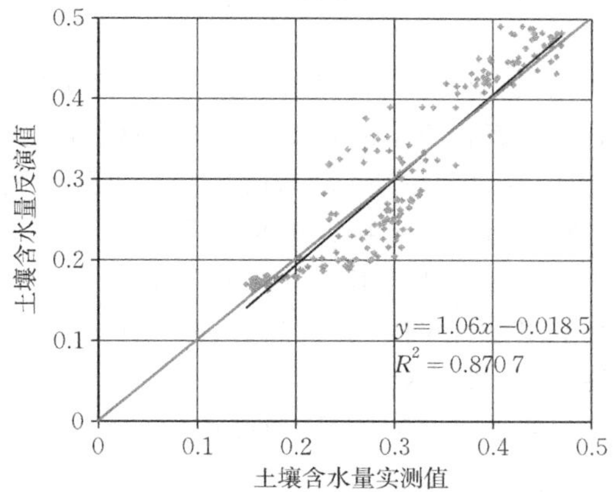

图 5.18 土壤含水量反演结果分析（玛曲 CST01 站点）

应用本书方法对青藏高原地区 2008 年 1 月至 2011 年 12 月的土壤水分进行反演实验。

5.4.6 青藏高原地表土壤水分时空变化分析

1. 土壤水分的空间分布

这些土壤水分分布图清晰地展现了青藏高原及其附近区域的土壤水分分布状况:不论季节变换,我们可以清楚地看到图中三块极端干旱的区域,它们是该区域的三块沙漠,分别是塔克拉玛干沙漠、柴达木盆地沙漠和印度大沙漠;与此同时我们也可以看到雅鲁藏布江峡谷附近的区域常年湿润,此外湿润的地区还有喜马拉雅山南麓、青藏高原西北边缘和四川盆地;而青藏高原内陆大部分区域都比较干燥。

2. 土壤水分的年际变化

2008 年印度北部和雅鲁藏布江流域的土壤水分比其他年份要高,而 2009 年则要低一些。这可能是由于 2008 年受到较强的季风影响,而其后的 2009 年季风较弱。印度北方的气象资料也证实 2008 年印度北部的降水比 2009 年更多。

对比 2010 年和 2011 年春夏之交的土壤水分图发现,2011 年土壤水分升高的时间比 2010 年早,暗示 2011 年的雨季来得较早。

3. 土壤水分的季节性变化

该地区的土壤水分季节性变化较年际变化要显著得多,这是因为该地区主要受到印度季风和东亚季风的影响,所以季节性变化非常明显。

经过一个干燥的冬季之后,印度季风携带着暖湿气流从南方进入该区域。经由孟加拉湾进入内陆的暖湿气流在北上途中受到高大的青藏高原的阻挡。一部分转为向西,沿喜马拉雅山脉南麓前行,给尼泊尔和印度北部的一些区域带去降水;一部分转为向东进入云贵高原;另外,还有一部分沿高原爬升,沿雅鲁藏布江河谷地区进入青藏高原。

青藏高原东部传统上是受东亚季风控制的区域。暖湿气流由四川盆地向西、向北进入青藏高原,造成青藏高原东部和黄河上游地区的降水。

该地区主要受到印度季风和东亚季风的影响,而两种季风都在一年中的同一时期盛行,因此青藏高原的雨季发生在每年的夏季。

受印度季风的影响,印度北部的雨季也发生在夏季,但是比青藏高原的雨季稍迟,每年最干旱的状况出现在每年四、五月间,这时东亚季风已经开始变强并开始影响四川盆地和青藏高原东部地区。

冬季,青藏高原东南部变得较为干燥,而高原深处的广大内陆地区,除了少数被雪山灌溉的绿洲,则变得更加干旱。

一个有趣的现象出现在该地区的三个沙漠周边地带。塔克拉玛干沙漠距离海洋的距离非常遥远，任何季风携带的水气都无法输送到该区域，因此无论季节如何变化，该区域常年保持干旱；在柴达木盆地沙漠的南缘，由于东亚季风输送的水气在夏季季风盛行时能够到达黄河一线，因此在夏季沙漠边缘黄河以南的地区的干旱会得到缓解；而对比最为强烈的是印度大沙漠边缘，夏季印度季风来势强劲，沙漠东缘原本非常干旱的地区变得湿润起来。

青藏高原的最西端区域，因为冰川的存在而常年都较为湿润。

第6章　基于信号叠加理论的土壤湿度插值方法

本章提出的土壤湿度插值方法，既考虑了时间特征对空间插值的影响，又考虑了数据特征对插值精度的影响，将空间数据分解成代表空间趋势性变化的低频部分与代表空间变异性的残差部分，并选用了更适用于这两部分数据特征的插值方法。针对HASM方法对连续性较好的曲面插值的精度优势及变异函数对残差部分的适用性，选用这两种方法对数据的低频部分和残差部分进行处理。实验结果表明，本章提出的方法在土壤湿度的空间插值方面，具有很好的精度优势。

本章方法的目的是更准确地估计土壤湿度的区域分布特征，对数据进行分解得到的低频数据能更精确地代表土壤湿度分布的趋势性变化特征，残差部分则代表数据的局域结构特征。本章方法从全局特征与局部特征两方面入手，其效果优于原插值方法。

分解之后的残差部分空间变化不平稳，不满足空间整体分布特征，因此不能应用通用的地统计学插值方法对其进行操作。适用于对区域化变量进行估计的变异函数则能很好地应用于对残差的估值，其变异函数模型图的选择与参数的设置将对插值结果产生明显的影响。在实验中，通过对比实验，选择使用经本次实验数据验证的变异函数模型，通过二分法对变异函数参数进行不断的优化估计，提高了模拟的精度。

6.1　土壤湿度空间异质性分析

本章主要包括统计分析、变异分析及自相关分析。通过统计分析，定量地获取了土壤湿度的整体结构特征；通过变异分析，了解土壤湿度的区域性结构变化；通过自相关分析，了解变量的空间相关性。

利用传统的统计分析方法描述土壤属性的空间变异由来已久。这种方法能从数值方面等多个角度分析土壤湿度的全貌和整体特征，是一种比较简便的从整体方面概括土壤湿度特性的方法，也是建立土壤湿度变异模型的前提和基础。选取一个特定时刻，利用SPSS统计软件及GS+地统计学软件对该时刻72个观测点进行统计，其各个参数统计结果如表6.1所示。

表6.1　实验数据统计

参数	统计量	极小值	极大值	均值	标准差	方差	偏度	峰度
计值	72	18.31	35.32	28.55	7.80	63.94	3.25	16.39

由表 6.1 统计信息可知，统计的土壤湿度范围分布在 18.31 至 35.32 之间，均值为 28.55，标准差为 7.80，偏度为 3.25，说明土壤湿度呈右偏态，即观测点落在均值左侧的较多，这一现象也可通过频数分布图展现出来。

利用统计分析法能够快速直观地获取土壤湿度的值域特征、分布特征。但是统计分析的方法忽略了空间上的结构变异性，它假设空间环境是均一的，因此这种方式既不能准确地反映土壤湿度的局部结构特征，又不能体现土壤湿度在空间上的相关性、独立性和结构性。要从各个角度研究土壤湿度的空间变化，仍需进行下一步实验。

6.2 土壤湿度的变异分析

6.2.1 变异函数模型选择

1. 变异函数公式

变异函数又称为半方差函数或半变异函数，是地统计学中表征土壤属性的变异性进而对区域变量结构进行分析的工具，也是描述研究对象非均质性的手段。通过对不同方向上变异函数的分析可以得到不同方向上的结构。

变异函数的实质是区域化变量在某方向上相距 h 的增量的方差，即

$$\begin{aligned}\gamma(x,h) &= \frac{1}{2}\mathrm{Var}(Z(x)-Z(x+h)) \\ &= \frac{1}{2}E^2(Z(x)-Z(x+h))-\frac{1}{2}[E(Z(x))-E(Z(x+h))]^2\end{aligned} \tag{6.1}$$

式中，$Z(x)$ 表示 x 点的高程，h 为 x 点与 $(x+h)$ 点这两个点的水平距离。

其满足二阶平稳假设或内蕴假设，即 $Z(x)-Z(x+h)$ 只依赖于在某方向上分隔它们的变量 h，而与具体位置无关。则每对预测数据 $[Z(x),Z(x+h)]$ 都可看成是 $[Z(x)-Z(x+h)]$ 的一个取样（现实），从而可用样本方差估计总体方差，即

$$\gamma(h)=\sum_{i=1}^{N(h)}[Z(x_i)-Z(x_i+h)]^2/(2N(h)) \tag{6.2}$$

式中，$N(h)$ 是分隔距离为 h 时的样本对数。

2. 变异函数曲线

变异函数模型可分为有基台值模型和无基台值模型两类，地统计学变量普遍存在微小的随机变化成分，因此一般使用的是有基台值的模型。一般有基台值的变异函数曲线如图 6.1 所示。

图 6.1 即空间上分离距离为 h 的变异函数曲线。其中 C_0 为块金值，表示与空间因素无关的随机变化量，这部分值其实很小。C 为部分基台值，C_0+C 为基台

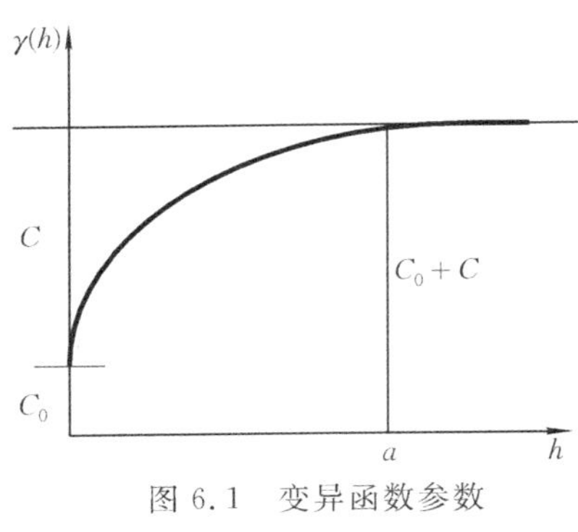

图 6.1 变异函数参数

值，代表了空间变异的结构性半方差。a 为变程，表示曲线到达基台值时所对应的分离距离。一般而言，当分离距离大于变程 a 之后，变异函数值不再增大，即表示在变程 a 之内，空间结构的变异性随着分离距离的增大而增大，但是当分离距离到达 a 之后，空间变异性不再增大。变异函数通过变程 a 反映区域化变量变化范围，即若区域化变量 x 的变程为 a，则 x 与半径为 a 的邻域内的其他点具有空间上的相关性，当距离大于 a 时，这种空间相关性减弱。

3. **变异函数模型**

常见的变异函数模型分为有基台值的模型和无基台值的模型两大类，有基台值的模型包括球状模型、指数模型、高斯模型、线性有基台模型及纯块金效应模型，无基台值的模型包括幂函数模型、线性无基台值模型、对数模型。在实际的工作中一般要求变异函数模型满足二阶平稳假设，并且有先验方差，当 h 达到一定值时曲线趋于平稳，因此通常使用有基台值的模型。几种典型的模型公式如式(6.3)至式(6.6)所示。

1)球状模型

$$\gamma(h)=\begin{cases}C_0 & h=0\\ C_0+C\left(\dfrac{3h}{2a}-\dfrac{h^3}{2a^3}\right) & 0<h\leqslant a\\ C_0+C & h>a\end{cases} \tag{6.3}$$

式中：C_0 为块金值，表示与空间因素无关的随机变化量；a 为单位变程。

球状模型是地统计学中应用最广泛的模型，许多区域化变量的理论模型都可以使用球状模型来拟合。

2)指数模型

$$\gamma(h)=\begin{cases}C_0 & h=0\\ C_0+C(1-\mathrm{e}^{-\frac{h}{a}}) & h>0\end{cases} \tag{6.4}$$

此处，a 不是变程，由于 $1-\mathrm{e}^{-3}=1-0.05=0.95\approx 1$，则变程为 $3a$。

3)高斯模型

$$\gamma(h)=\begin{cases}C_0 & h=0\\ C_0+C(1-\mathrm{e}^{-\frac{h^2}{a^2}}) & h>0\end{cases} \tag{6.5}$$

此处，变程为 $\sqrt{3}a$。

4)线性有基台值模型

$$\gamma(h)=\begin{cases}C_0 & h=0\\ Ah & 0<h\leqslant a\\ C_0+C & h>a\end{cases} \tag{6.6}$$

式中，A 为常数，表示线性模型的直线斜率，变程为 a。

6.2.2 变异函数参数设置

根据空间上的数据构型分类，变异函数可分为规则的数据构型和不规则的数据构型。本次研究实验点属于不规则的数据构型，即横不成排，竖不成列，找不到基本的滞后距。这种不规则的格网数据，在计算变异函数之前，要设置步长和最大步长这两个参数。

由于近距离的变异函数值较远距离的变异函数值更有意义，在设置步长时要将分离距离控制在有意义的范围之内。通常最大步长值要小于空间最大尺度的一半，本次实验是选取了大约 6 km 的样方，因此选取最大步长值为 3 km。经过对比试验，最终设置步长值为 326 m。

利用地统计学软件(Geo Statistics，GS+)，分别使用球状模型、指数模型、高斯模型对数据进行分析，得到样本的参数如表 6.2 所示。

表 6.2　模型参数

模型	C_0	C_0+C	C_0/C	A
球状	0.1	63.38	0.15%	0.005
指数	0.1	64.18	0.16%	0.007
高斯	0.1	63.82	0.15%	0.004

在表 6.2 中，C_0 表示块金值，代表了样本变化的随机性。C_0+C 代表基台值，表示样本的空间变异的结构性方差。块金值与基台值的比值为块金系数，块金系数用以表示样本的空间变异特征。块金系数可分为小于等于 25%、介于 25%至 75%之间及大于 75%三个层次，分别表示具有非常强烈的空间相关性、空间相关性一般及微弱。A 为样本到达块金系数时的分离距离。

由表 6.2 可知，球状模型、指数模型和高斯模型的模拟结果比较相近，其块金值都比较小，表明样本在空间上的随机变化性比较小。三个模型的块金系数也非常接近，其值远远小于 25%，表明样本具有非常强的空间相关性。观察可知样本到达基台值的分离距离比较小，分析原因可知，由于实验区域较小，空间自相关性较大。由以上数据初步断定，在对本次实验样本的模拟中，三个模型性能差异不大，指数模型稍好。

6.2.3 土壤湿度的变异特征分析

为了定量地分析模型模拟结果，我们通过交叉验证对三种模型的精度进行评价，如表 6.3 所示。

表 6.3 交叉验证精度

模型	相关系数的平方（R^2）	标准误差(*se*)	标准误差预测值（*se. prediction*）
球状	0.458	0.065	1.028
指数	0.356	0.063	1.035
高斯	0.478	0.059	1.027

表 6.3 为利用三种模型模拟的精度验证结果。其中 r^2 为相关系数的平方，其值越大，回归效果越好，可见高斯模型效果要优于另外两个模型。*se* 为回归系数的标准误差，其值越小，精度越高，对比表中结果可知，三种模型的 *se* 值相差不大，高斯模型值稍高。*se. prediction* 表示的是标准误差的预测值，其值越小，预测效果越好，高斯模型的该项指标略低于球状模型。整体而言，高斯模型的模拟结果要优于其他两个模型。

由以上分析可知，实验区域的土壤湿度空间变异性较大，受随机因素影响较小。由于实验区域有限，其表示出了很强的空间相关性，并且分离距离越小，相关性就越强。在本次实验中，线性模型模拟效果不好，其他三种模型模拟结果相近。有关采样点的数量及样本点的设置对于土壤湿度空间变异性的影响还有待进一步的研究。

6.3 土壤湿度的空间自相关分析

6.3.1 莫兰指数分析

1. 莫兰指数

空间自相关性表示空间上的数据与其他数据之间的依赖程度，称为空间依赖。这种数据上的依赖与距离有关，并且随着距离的变化，呈现出规律性。

空间自相关分析通过空间自相关指数来实现，空间自相关的统计量由澳大利亚统计学家莫兰(Moran)首次提出，为此，人们将评价空间自相关性的指数命名为 Moran's I，其公式表示为

$$I = \frac{n}{s_0} \frac{\sum_{i=1}^{n}\sum_{j=1}^{n} w_{ij}(x_i - \bar{x})(x_j - \bar{x})}{\sum_{i=1}^{n}(x_i - \bar{x})^2} \tag{6.7}$$

式中，$s_0=\sum_{i=1}^{n}\sum_{j=1}^{n}w_{ij}$；$i,j=1,2,3,\cdots,n$；$n$ 表示观测点总数；x_i 为 i 点的观测值；x_j 为 j 点的观测值；$\bar{x}$ 为观测点均值；w_{ij} 表示的是 i、j 两点之间的权重，若两点为相邻点，则 w_{ij} 的值为 1，否则为 0。

莫兰指数服从正态分布，此时其数学期望为

$$E(I)=\frac{-1}{n-1} \tag{6.8}$$

其方差为

$$\mathrm{var}(I)=\frac{n^2 s_1-ns_2+(s_0)^2}{(s_0)^2(n^2-1)}$$

式中，$s_1=\frac{1}{2}\sum_{i=1}^{n}\sum_{j=1}^{n}(w_{ij}+w_{ji})^2$，$s_2=\sum_{i=1}^{n}(\sum_{j=1}^{n}w_{ij}+\sum_{j=1}^{n}w_{ji})s_0=\sum_{i=1}^{n}\sum_{j=1}^{n}w_{ij}$。

由式(6.8)可以看出，若 n 的数值设置为无限大，则其数学期望为 0，若空间数据相互独立，则莫兰指数与相应的数学期望相等。一般而言，莫兰指数的数值在+1 至−1 之间，并且当莫兰指数大于对应的数学期望时，呈现的是正相关关系，小于对应的数学期望时，呈现的是负相关关系。

莫兰指数又分为全局自相关指数和局域自相关指数，以上描述的是全局自相关指数的表示形式。全局自相关指数指在整个研究区域内观测点空间分布的相关性，而局域自相关指数指的是在一个小的区域内其观测值与其临近点的自相关程度。局域自相关指数的公式表示为

$$I_i=\frac{(x_i-\bar{x})}{s_0}\sum_{j=1}^{n}w_{ij}(x_j-\bar{x}) \tag{6.9}$$

2．莫兰指数权重函数

莫兰指数公式通过空间权重函数 w_{ij} 来控制空间位置点 i 和 j 的依赖关系。因此计算莫兰指数的第一步是建立点之间的相邻关系，这种相邻关系主要有三种表示：位置相邻表示法、距离表示法和 k- 近邻点表示法。

位置相邻是将观测点置于规则的格网中来衡量点与点之间的邻接关系。以图 6.2 中 O 点为例，在位置相邻表示中点 O 存在三种相邻关系：公共边邻接（rook）、边点邻接（queen）和公共点邻接（bishop）。具有公共边的邻接关系称为 rook，如图中 B、D、E、G。具有公共边或者公共顶点的邻接关系称为 queen，A、B、C、D、E、F、G、H 皆为 queen。仅有公共顶点的为 bishop，如 A、C、F、H 点。采用位置相邻法确定权重函数时，首先选定一

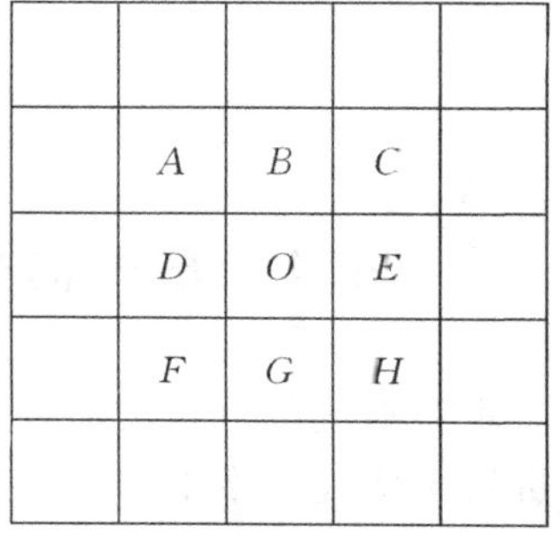

图 6.2　位置相邻关系示意

种相邻关系，该判定方法下，若点 i、j 相邻，则 $\omega_{ij}=1$，否则 $\omega_{ij}=0$；当 i、j 相等时，$\omega_{ij}=0$，因为此时表示的是观测点自己与自己的邻接关系。

采用距离表示法确定权重函数时，首先设定一个距离常数 r，若 i、j 两点之间的距离 $d_{ij}\leqslant r$，则 $\omega_{ij}=1$，否则 $\omega_{ij}=0$。

k-近邻点表示法只考虑与观测点最近的 k 个点的观测值，它们的权重函数 $\omega_{ij}=1$，其余为0。这种方式通过确定近邻点的个数来规定权值，不直接考虑距离的远近。

在对权重函数进行设置时，需要同时考虑其阶数，以上述三种方法求得的近邻点为原点，求得它们的近邻点，则得到二阶的权重矩阵，以此类推，通过阶数的设置扩展了权重函数求解的范围与精度(万鲁河 等，2011)。

6.3.2 土壤湿度空间自相关分析结果

借助GeoDa空间分析软件分析土壤湿度的自相关性。由于观测点是分布不规则的离散数据，实验采用了距离表示法建立相邻关系，采用欧几里得距离测度，设置的距离为0.008 26。图6.3为在距离表示法下本次实验数据临近点统计直方图。由图6.3可知，临近点的个数一般都在4～8个，没有明显的过多或者过少的临近点，说明运用距离法对离散点建立相邻关系具有可行性。

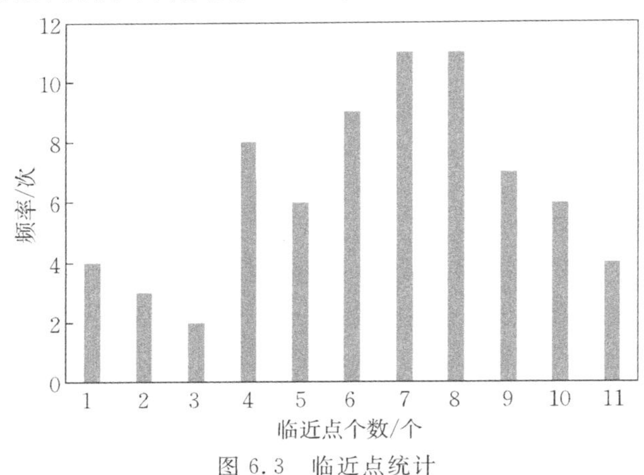

图6.3 临近点统计

6.4 基于信号叠加理论的土壤湿度插值方法

本节在空间分析的研究基础上，基于信号叠加理论，对土壤湿度的空间插值方法进行了研究。本书将土壤湿度值看作一种信号，根据叠加原理，信号可以进行线性分解和叠加，但信号分解方法必须具备完备性，以保证分解后无信息重叠，能够无缺失地重构原信号。小波分解方法可以将观测数据分解成高频和低频两部分，其中高频代表信号的细节特征，低频代表信号的近似特征。将观测值与低频部分做差值得到数据的残差部分，将残差与低频部分作为观测数据的两个基本分量，由于两个基本分量相互独立，重构之后能够得到完整的原数据。因此，基于信号叠加原理，应用小波分解方法，对时序数据进行分解，插值处理之后再对数据进行重新叠加，具有可行性。

6.4.1 常用的插值方法

在地统计学分析中，通常要求获得区域整体分布特征。土壤湿度数据可以通过地面观测的方式获得，利用地面观测站或者人工采集的方式获取的土壤湿度精度较高，但是都是点的观测数据，其空间连续性较差。插值是利用地面观测数据创建表面，进而研究空间整体分布特征的重要手段。插值方法按其数学原理可分为确定性插值方法和地统计学插值。本书主要描述几种应用较为广泛的插值方法。

1. 克里金插值法

克里金插值法是由南非矿业工程师克里格提出的空间内插方法。它是以变异函数和结构分析为基础，基于区域化变量存在空间相关性的假设，实现在特定区域内对区域化变量的最优无偏估计的一种方法。

2. 反距离权重法

反距离权重法(inverse distance weighted，IDW)是通过待测点周围观测点的值的加权平均来估计待测点值的方法。IDW 假定每个输入点对估计点值都有一定的影响，并且这种影响随着它们之间距离的增大而减小。其一般形式如式(6.10)和式(6.11)所示，即

$$Z(x)=\sum_{i=1}^{n}w_iZ(x_i) \tag{6.10}$$

$$w_i=\frac{1/d_i^p}{\sum_{i=1}^{n}1/d_i^p} \tag{6.11}$$

式中，$Z(x_i)$为观测点的值，w_i为加权函数，d_i为观测值到估计值的距离，p为幂参数。反距离权重法通过反距离的幂值来反映观测点对于估计点的影响。幂参数是一个正实数，其默认值为 2。幂参数设置较大，其周围临近点对于估计值的影响随之加大，局部信息会变得更加详细，插值表面更加不平滑。幂参数设置较小，能考虑到距离估计值较远的点对于估计值的影响，插值表面也会变得更加平滑。因此可以通过调整p值来调节插值曲面的形状。p值越大，在插值点附近曲面越尖锐，p值越小，在插值点附近曲面越平缓。

反距离权重法具有插值函数简单、适应性强的特点，但是当插值点过多时，其运算量较大，插值效率也会降低。并且，反距离权重法只考虑了观测点在空间上距离的影响，并没有考虑空间上的相关性，这使得该方法对权重函数异常敏感，当观测值空间分布差异较大时，分布孤立的插值结果往往要远远大于分布较为集中的插值点，使得插值结果差异较大，不合常理。

3. 三次样条函数插值法

样条函数是使用分段多项式对数据进行插值，它能够保证整体充分光滑，其中三次样条函数保证了它的一、二、三阶导数分别收敛到 $f(x)$，具有强收敛性。其定义如下：$a \leqslant x_0, x_1, \cdots, x_n \leqslant b$ 为区间 $[a, b]$ 上的一个分割，假设函数在区间 $[a, b]$ 上满足：

(1)函数 $S(x)$ 及其一阶导数、二阶导数都在区间上连续。

(2)函数 $S(x)$ 在其小区间 $[x_k, x_{k+1}]$ 上都是三次多项式。

那么，即称函数 $S(x)$ 为区间上的三次样条函数。如果函数 $f(x)$ 在点 x_0，x_1，… 处的函数值为

$$f(x_j) = y_j, \quad j = 0, 1, 2, \cdots, n$$

而三次样条函数 $S(x)$ 满足，即

$$S(x_j) = y_j, \quad j = 1, 2, 3, \cdots, n$$

则称 $S(x)$ 为 $f(x)$ 在区间 $[a, b]$ 上的三次样条插值函数。

4. 高精度曲面建模法

高精度曲面建模法(high accuracy surface modeling, HASM)是近几年兴起的应用于地理信息系统和生态建模的曲面建模方法。它是由岳天祥及其团队提出，以微分几何学曲面理论为基本理论基础。而后逐步提出了将曲面论的基本理论应用于地球表面的建模方法，经过不断的实践与探索，自 2004 年起，高精度曲面建模的理论体系日趋完善，并广泛应用于土壤属性、气候属性及生态系统的曲面建模模拟。目前，高精度曲面建模已经表现出了比克里金系列插值法、样条函数插值法及反距离权重法等传统插值方法更高的精度优势(岳天祥 等，2004，2006)。

HASM 以曲面论基本定理为理论基础，在模拟过程中将曲面的偏微分方程离散成代数方程组，然后利用迭代法对其进行求解。HASM 的迭代过程又分为内迭代和外迭代两层。外迭代修正方程组的右端项，内迭代修正方程组的解算过程。

HASM 的运算过程中存在运算量较大的问题，为了改进其处理能力和运算速度，研究人员相继提出了基于 HASM 的自适应算法、多重网格算法、基于对角线的预处理共轭梯度算法及改进的高斯-赛德尔(Gauss-Seidel)迭代算法，这在一定程度上改进了运算速度，并进一步提高了模拟精度。

6.4.2　基于信号叠加理论的方法原理

本节提出的插值方法是基于信号处理的相关理论提出的。根据信号叠加理论,可以对信号进行分解和叠加。以此为基础,本节方法原理是将每个观测点的土壤湿度时序数据进行分解后,根据特性分别处理再进行叠加(Huang et al,2008)。本节方法的技术路线如图 6.4 所示。

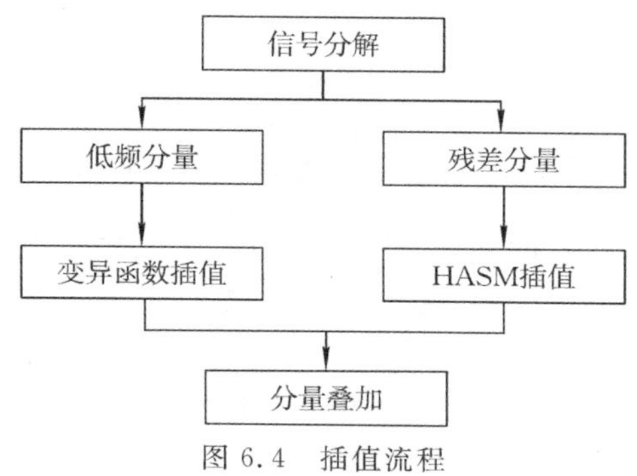

图 6.4　插值流程

1. 土壤湿度时序数据分解

本次实验获取了实验区域连续四个月的时序数据,其时间间隔为 10 分钟,连续性较好,为数据的时序分析提供了有利条件。利用小波分析的方法可以将时间序列的数据分解成低频部分和高频部分。其中低频部分是信号的近似部分,代表了数据的整体特征;高频部分是信号的细节部分,代表了数据的细节特征,例如信号的局部跳变等。

图 6.5 是一维小波分解的示意图,其中 S 是原始信号,经过一维小波分解,得到近似部分 cA1 及细节部分 cD1。对一维分解得到的近似信号进行再分解,即第二层分解。图 6.5 中的原始信号共进行了三层小波分解。一维小波分解共输出两个参数值 C 和 L:C 存储了分解到 n 层时,第 n 层的近似部分及各层的细节部分的列向量;L 存储了 C 中各个参数的长度。

本书采用 Daubechines(DB)小波基对数据进行时序分析,DB 小波基在处理信号中具有广泛的实用性与很强的适用性。DB 小波基阶数的常用范围是 DB1～DB9,随着阶数的增加,消失矩越高,逼近光滑函数的能力越强,但是消失矩增加的同时会使支撑长度变宽,运算量增加(Morlet et al,1982)。

$$W_f(j,k)=\alpha_0^{-\frac{j}{2}}\int_{-\infty}^{+\infty} f(t)\varphi^*(\alpha_0^{-j}t-k\tau_0)\mathrm{d}t \tag{6.12}$$

式中,$W_f(j,k)$ 为小波变换系数,$f(t)$ 为待分析序列,$\varphi^*(\cdot)$ 为母小波的复共轭函数,j 和 k 分别为时间尺度和位置参数。

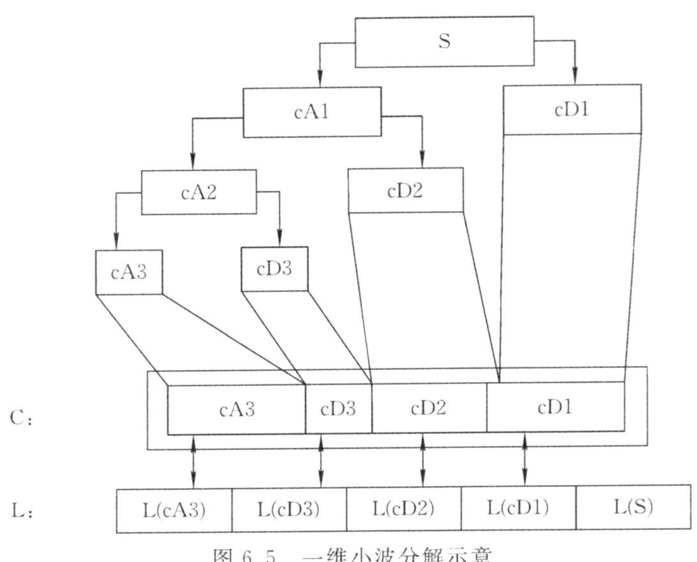

图 6.5 一维小波分解示意

2. 低频部分插值

分解得到的近似部分代表了数据的趋势性变化特征，其变化较为平缓，因此选取高精度曲面建模对其进行插值。高精度曲面建模是基于曲面论的插值方法，其对变化平缓的连续性曲面具有较高的精度优势，因此利用基于曲面论的插值方法对低频部分数据进行插值具有可行性。

基于曲面论的建模是通过迭代计算对采样点数据进行模拟。(x_i, y_j) 坐标代表格网位置坐标，假设 $\{\bar{u}_{i,j}\}$ 是曲面上某个格网的观测值，$u^n_{i,j}$ $(n > 0, 0 \leqslant i \leqslant I + 1, 0 \leqslant j \leqslant J + 1)$ 是该格网上的第 n 次迭代值，$(u_{i,j})$ 是基于观测值的插值结果。HASM 的第 $n+1$ 次的有限差分基本表达式表示成矩阵形式为

$$\boldsymbol{A}_1 U^{n+1} = \boldsymbol{b}^n_1 \tag{6.13}$$

$$\boldsymbol{A}_2 U^{n+1} = \boldsymbol{b}^n_2 \tag{6.14}$$

式中，$U^{n+1} = (u^{n+1}_{1,1}, \cdots, u^{n+1}_{1,J}, u^{n+1}_{2,1}, \cdots, u^{n+1}_{2,J}, \cdots, u^{n+1}_{I-1}, \cdots, u^{n+1}_{I-1,J}, u^{n+1}_{I,1}, \cdots, u^{n+1}_{I,J})$，$\boldsymbol{A}_1$、$\boldsymbol{A}_2$ 分别是式(6.13)和式(6.14)的系数矩阵，$\boldsymbol{b}_1$ 与 $\boldsymbol{b}_2$ 是右端常数项矩阵。

依据最小二乘原理，假设 $\boldsymbol{Z} = \begin{bmatrix} \boldsymbol{A}_1 \\ \boldsymbol{A}_2 \end{bmatrix}$，$\boldsymbol{q}^n = \begin{bmatrix} \boldsymbol{b}^n_1 \\ \boldsymbol{b}^n_2 \end{bmatrix}$，HASM 的表达式可转化为求以下线性问题，即

$$\begin{cases} \min \| \boldsymbol{Z} U^{n+1} - \boldsymbol{q}^n \|^2 \\ s.t.\ \boldsymbol{C} U^{n+1} = \boldsymbol{d} \end{cases} \tag{6.15}$$

式中，$\boldsymbol{C}$ 和 $\boldsymbol{d}$ 分别代表采样点系数矩阵与采样点的值，为了求解最小二乘问题的方程组，引入一个代表采样点权重的参数，使得参数足够大，以此来决定采样点对模

拟曲面的贡献。因此，式(6.15)可转化为无约束的最小二乘问题，即

$$\min_{f}\left\|\begin{bmatrix}\boldsymbol{Z}\\ \lambda\boldsymbol{C}\end{bmatrix}U^{n+1}-\begin{bmatrix}\boldsymbol{q}^{n}\\ \lambda\boldsymbol{d}\end{bmatrix}\right\|^{2} \tag{6.16}$$

以往的 HASM 算法，注重的都是高斯左端二阶偏导的差分计算及迭代次数的选择。高斯右端一阶偏导的计算，也会给 HASM 模拟带来很大的误差，在改进的 HASM 算法中，以一阶偏导带来的误差为理论基础，改进差分运算。计算点 (x,y) 上 x 的差分运算，根据泰勒级数展开式有

$$f(x+g,y)=f(x,y)+f_{x}(x,y)g+f''_{x}(x,y)g^{2}/2+f'''_{x}(\xi,y)g^{3}/3! \tag{6.17}$$

$$f(x-g,y)=f(x,y)-f_{x}(x,y)g+f''_{x}(x,y)g^{2}/2-f'''_{x}(\gamma,y)g^{3}/3! \tag{6.18}$$

式中，$\xi\in(x,x+g)$，$\gamma\in(y-g,y)$，g 为格网的宽度。在 HASM 的运算过程中，数据栅格化是至关重要的一步，而设定的格网的宽度不仅对数据的插值结果产生显著的影响，格网数的增加也对数据的运算效率具有重要的影响。在本次实验中，将实验区分别离散成 33 m、50 m 及 100 m 的网格，对比实验得到实验结果。

3. 残差部分插值

去除趋势项后剩下的残差部分包括区域结构成分和随机变化量。变异函数能描述空间变量的区域结构成分和随机变化量，因此可以用变异函数来对残差进行估值。变异函数为两个空间实测值的一半，通过计算空间域任意点对并结合其观测值，可以量化不同尺度上的区域化变量的变异，在实际中如式(6.19)所示计算变异函数，即

$$\gamma(h)=\frac{1}{2N(h)}\sum_{i=1}^{N(h)}\left[z(x_{i+h})-z(x_{i})\right]^{2} \tag{6.19}$$

式中，$N(h)$ 是空间上间隔为 h 的点对的数目，$Z(x_i)$ 和 $Z(x_{i+h})$ 分别为 x_i 处和与 x_i 相距 h 的点 x_{i+h} 的测量值。变异函数的计算一般需要考虑块金效应与各向异性，块金效应是指样本距离极短的时候，变异函数从原点的跳升值，各向异性表示变异函数在各个方向上的变化为一个椭圆，在实际的计算中，考虑了变异函数的块金值与各向异性。

该模块采用交叉验证法确定变异图模型，其具体过程为选定一组数据作为训练值，另一部分作为测试值，利用训练数据估计测试值。经反复迭代验证，最终选用线性变异图，如式(6.20)所示，即

$$\gamma(h)=\begin{cases}c_{0}, & h=0\\ Ah, & 0<h\leqslant a\\ c_{0}+c, & h>a\end{cases} \tag{6.20}$$

式中：c_0 表示块金值；h 表示观测点之间的距离；A 为常数；a 为变程；c_0+c 表示基

台值，也是变程到达 a 时的阈值。该函数通过变程 a 反映区域化变量的影响范围。

采用二分法确定变异函数各项参数的选定。其具体做法是，控制其他相关参数值不变，分别赋予同一参数不同的值，不断选择方差较小的范围，逐步逼近方差最小者。

4．插值结果拟合

遵循信号叠加原理，插值处理之后的近似分量与残差分量可通过重构得到完整的信号。其表达式为

$$W(x)=U(x)+R(x) \tag{6.21}$$

式中，$W(x)$ 代表重构得到的经插值处理的完整信号，$U(x)$ 代表插值处理后的近似分量，$R(x)$ 代表插值处理之后的残差分量。为保证插值之后得到完整的土壤湿度值，要求插值之后近似分量和残差分量具有相同的大小。

6.4.3　数值实验与讨论

1．信息分解

为确定 DB 系列的小波基函数及小波分解的层数，以实验区 2 号观测点为例，对原始数据序列分别进行从 DB3～DB9 的基函数分解，并且进行了从第 3 层到第 9 层不同层次的分解，对比得到的结果。运用 DB6 小波基将原始数据分解到第八层时的结果如图 6.6 所示。

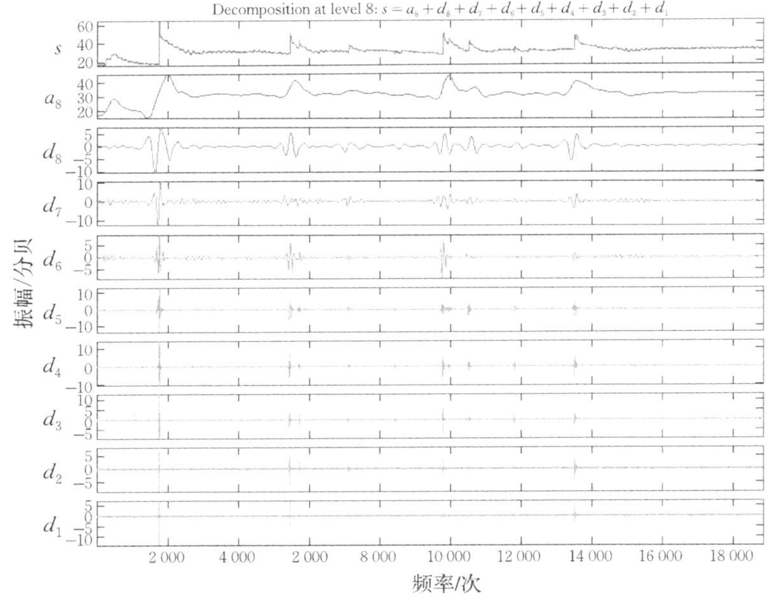

图 6.6　实验区 2 号观测点土壤湿度时间变化序列

图 6.6 中横轴表示频率，纵轴表示对应的土壤湿度值(分解后为振幅)。s 表示土壤湿度原始时间序列，a_8 表示分解到第 8 层时的近似分量，d_1 至 d_8 表示分解第 1 层至第 8 层时的细节分量。

经反复实验发现，当用 DB 系列小波基函数处理土壤湿度数据到第 8 层时，各个小波基处理的波形没有明显的差异，但 DB4 与 DB5 的峰值有轻微的抹平现象，表示平滑结果更好。对比结果图，结合后续实验，选中 DB6 小波基作为时序分析的小波函数。在第 4 至 6 层的分解中，土壤湿度轻微的波动仍然清晰可见，当分解到第 8 层时，得到了平滑的近似曲线，因此分解层次选为第 8 层。

2. 插值实验

针对分解得到的低频部分和残差部分的数据结构特征，选用不同的模型分别对其进行插值处理。为了便于结果拟合，首先对数据进行格网化转换，将低频部分与残差部分做成相同大小的格网，再分别对其进行插值处理。高精度曲面建模理论的第一步，即对实验数据进行格网化，再由已知网格点求出未知网格点，图 6.7 为数据离散化示意图。

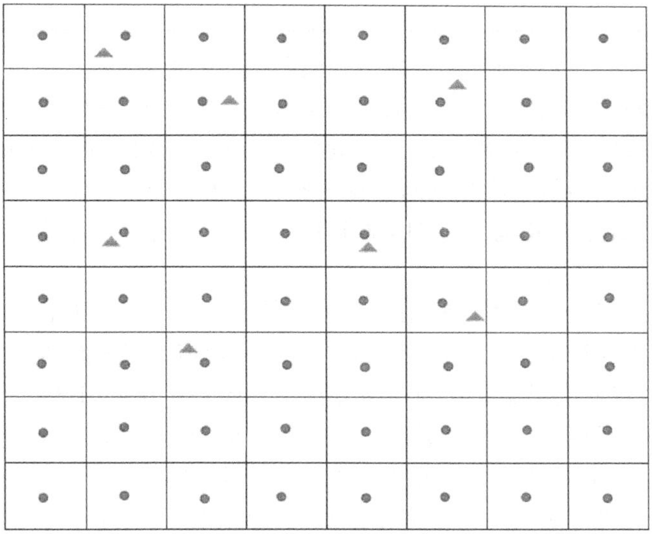

图 6.7　数据离散化示意

如图 6.7 所示，划定栅格区域，以实验区左上角和右下角的经纬度作为格网左上角和右下角的坐标。每个圆代表每个格网的中心点，用中心点的坐标代表每个格网的坐标，三角点是实际的观测位置。为了构成连续性曲面，用落入格网内观测点的值代表该格网的值，未分布观测点的值为空值。设定格网宽度，算出每个点所在的格网值，即有

$$C=(X-b)/[(a-b)/n]+1 \tag{6.22}$$

式中，X 代表经度或者纬度位置，a 是经度或纬度的最大值，b 是最小值，n 是要划分的格网的数目。首先确定格网宽度，再分别确定观测点在经度方向上和纬度方向上的位置。没有观测值的格网设为空值，即得到离散结果。

在对残差部分进行插值时，首先进行了变异函数参数的设置，利用二分法选取各个参数，表 6.4 列出以椭圆长轴方向参数为例，固定椭圆长短轴比与变程长度这两个参数，改变角度的大小，根据得到的方差大小逐步缩小范围。

表 6.4 变异函数参数计算

序号	角度	长短轴比	变程长度	方差
1	0	1.45	1	0.984 9
2	200	1.45	1	0.387 1
3	100	1.45	1	0.097 3
4	50	1.45	1	0.082 9
5	75	1.45	1	0.093 8
6	65	1.45	1	0.080 52
7	55	1.45	1	0.082 31
8	60	1.45	1	0.071 31

参数设置完成后，分别对低频数据和残差进行插值处理。

为了对实验结果进行比较，分别使用 HASM 方法、普通克里金法对原始数据进行插值，并对结果进行比较。由于克里金方法对正态数据的预测精度最高，故在对数据进行克里金插值前应先判断数据集是否呈正态分布。本书数据经过自然对数转换，保证了数据的正态分布性，故利用克里金方法对数据进行插值，具有可行性。

表 6.5 给出了实测样本与利用克里金方法、HASM 方法和本节方法对原始数据进行插值的统计结果。三种插值方法得出的平均值与实测样本的平均值都比较接近。首先，由普通克里金插值与本节方法得出的平均误差与平均绝对误差可知，两种方法插值精度相似，但是普通克里金插值得出的标准差 4.21%远远小于实测样本的标准差 7.21%，而本节提出的方法得到的标准差为 5.59%，与实测样本更为接近。结果说明普通克里金插值存在平滑效应，从实测值与克里金插值的极大值、极小值也可以看出，其极大值小于实测样本的极大值，说明克里金插值过程中较大的值被压低，而极小值大于实测样本的极小值，说明较小的值被夸大。其次，将本节提出的方法与 HASM 方法进行对比，两者标准差与极大、极小值非常接近，但是 HASM 方法的平均误差与平均绝对误差均大于本节方法，说明在插值精度上，本节方法更好。综上所述，本节提出的方法与克里金方法和 HASM 方法相比，在平滑效应与插值精度上有明显优势。

表 6.5　实测样本与三种插值方法的统计结果　单位：%

数据	平均值	标准差	极大值	极小值	平均误差	平均绝对误差
实测样本	28.09	7.21	75.52	18.31	0	0
克里金插值	28.72	4.21	70.08	20.43	0.16	0.81
HASM 插值	27.60	5.90	75.47	18.39	0.39	0.92
本节方法	28.54	5.59	73.14	18.51	0.27	0.78

第 7 章　基于改进的 BP 神经网络的土壤湿度时间序列数据预测方法

本章提出了一种将粒子群优化(particle swarm optimization,PSO)和反向传输(back propagation,BP)相结合的土壤湿度时间序列预测方法,针对 BP 神经网络收敛速度慢、易陷入局部最优的问题,提出利用 PSO 算法优化 BP 神经网络的初始权值和阈值,同时提出了针对 PSO 收敛速度慢和易陷入局部最优等问题的改进方法。实验结果表明,本章提出的方法能有效地减少迭代次数,提高预测精度。

第 6 章在空间上对土壤湿度进行了全面的分析,要获取土壤湿度的全面的分析结果,不仅要从空间角度对其进行分析,还要从时间的角度分析其变化态势。本章以获取的观测点的长时间序列数据为数据源,利用粒子群算法对 BP 神经网络进行改进,建立了土壤湿度的时间序列数据分析模型。

7.1　预测模型建立

7.1.1　BP 神经网络参数设计

1. 标准 BP 神经网络

1986 年 Rumelhart 和 Meclland 提出了误差反向传播算法,简称 BP 算法。BP 神经网络的主要思想是:对于给定的学习样本,使网络的输入等于样本的输入,然后用网络的实际输出和学习样本输出之间的误差来修改权值,使网络的输出与样本的输出尽可能接近。

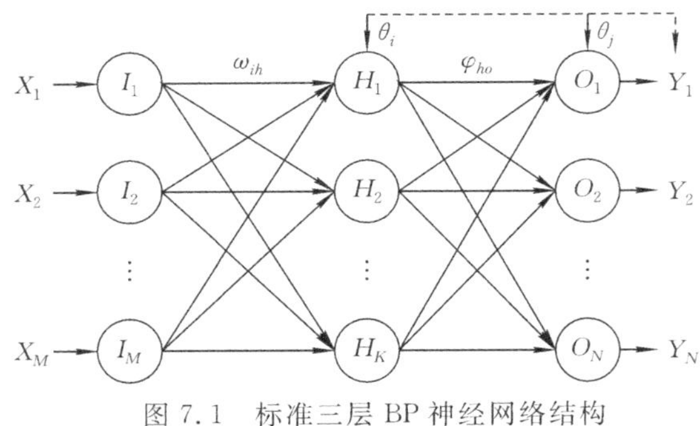

图 7.1　标准三层 BP 神经网络结构

图 7.1 为一个标准三层 BP 神经网络结构图。图 7.1 中 X 为输入,Y 为输出,I 为输入层,M 为输入层节点个数,H 为隐含层激励函数,K 为隐含层神经元个数,O 为输出层激励函数,N 为输出层神经元数量,θ_i 和 θ_j 分别为隐含层和输出层阈值,ω_{ih} 为输入层节点 i 和隐含层节点 h 之间的权值,φ_{ho} 为隐含层节点 h 和输出层节点 o 之间的权值。BP 神经网络的学习过程分为信号的前向传播和误差的反向传播过程,如图 7.1 所示。

2. BP 神经网络参数设计

1）网络层次

根据柯尔莫哥洛夫(Kolmogorov)定理，一个三层 BP 神经网络能够实现对任意非线性函数进行逼近，所以本书选取三层 BP 神经网络进行土壤湿度预测研究，也就是网络中包含一个隐含层。

2）输入层、输出层和隐含层结点的确定

这里我们将网络输出层结点数量确定为一个。Liu(2012)提出 ARIMA 模型的参数估计过程中利用到自相关函数 ACF、偏自相关函数 PACF 等，可以用于神经网络输入层节点数量的确定。依据该方法首先分析各子序列的 ACF 和 PACF，并得到输入层节点数目。隐含层节点的选取，我们依据 Hecht-Nelson 方法(Hecht，1987)：如果输入层节点数目为 n，则隐含层节点数目为 $2n+1$。经过试验，最终确定输入层节点数目为 7，输出层节点数目为 1，隐含层节点数据为 15。

7.1.2　利用 PSO 优化神经网络初始权值和阈值

图 7.2 为 PSO 优化 BP 神经网络的流程，初始化 PSO 算法参数，更新速度和位置两个变量，利用适应度值确定个体最优和全局最优，然后迭代计算，直到满足精度要求。

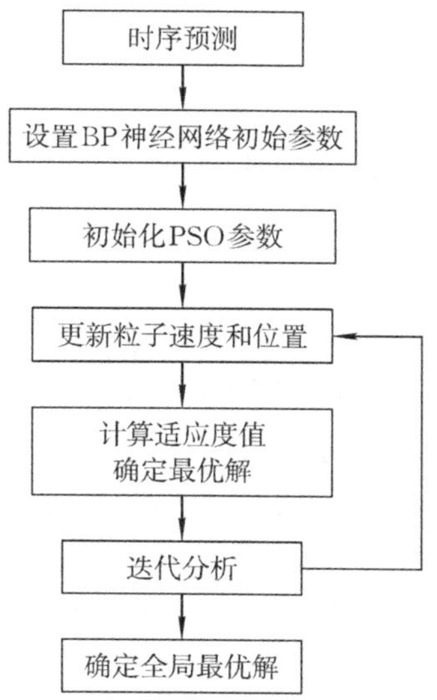

图 7.2　PSO 优化 BP 神经网络的流程

在标准粒子群算法中采用式(7.1)和式(7.2)进行粒子速度和位置的更新。

$$v_{id}(t+1)=\omega v_{id}(t)+c_1r_1[p_{id}-z_{id}(t)]+c_2r_2[p_{gd}-z_{id}(t)] \tag{7.1}$$

$$z_{id}(t+1)=z_{id}(t)+v_{id}(t+1) \tag{7.2}$$

式中，$v_{id}(t+1)$ 和 $z_{id}(t+1)$ 分别为第$(t+1)$次迭代之后的速度和位置，p_{id} 和 p_{gd} 分别为迭代到目前为止粒子 i 的个体最优解和种群最优解，c_1 和 c_2 为加速常数，r_1 和 r_2 为随机数，ω 表示惯性权重。在标准粒子群算法中取线性递减的惯性权重（式 7.3），其中 ω_{max} 和 ω_{min} 分别表示惯性初值和惯性终值，$iter$ 表示当前迭代次数，$iter_{max}$ 表示最大迭代次数，即

$$\omega = \omega_{max} - \frac{\omega_{max} - \omega_{min}}{iter_{max}} \times iter \tag{7.3}$$

在标准粒子群算法中，由于 ω 取线性递减，并且 c_1 和 c_2 取值为常数，这些不满足学习过程特点，导致在迭代过程中（尤其是迭代后期）收敛速度慢且易陷入局部最优解（Chang et al，2008）。

在粒子群算法中 ω 决定了算法的搜索能力，c_1 和 c_2 分别决定了自我学习和种群学习能力。适应度值是评价算法解“好坏”的标准，适应度值较大的粒子质量较好，反之粒子的质量较差。按照粒子群算法的特点，在迭代初期应当有较强的搜索能力、较大的自我学习能力和较小的种群学习能力，而在迭代后期则相反。同时当粒子质量较差的时候，应当具有较强的搜索能力和种群学习能力，此时的自我学习能力应当适当减弱；在粒子质量较好的情况下，则需要增强粒子的自我学习能力，减弱搜索能力和种群学习能力。本文提出一种将适应度值与迭代次数相结合优化 ω、c_1 和 c_2 的方法，如式(7.4)、式(7.5)和式(7.6)所示。

当 $f \leqslant f_{AS}$ 时，有

$$\left.\begin{aligned} \omega &= \omega_{max} \\ c_1 &= c_{1F}\left(1 - \frac{iter}{iter_{max}}\right) \\ c_2 &= c_{2F} \end{aligned}\right\} \tag{7.4}$$

当 $f_{AS} < f < f_{AB}$ 时，有

$$\left.\begin{aligned} \omega &= \omega_{max} - (\omega_{max} - \omega_{min}) \times \frac{iter}{iter_{max}} \times \frac{f - f_{AS}}{f_{AB} - f_{AS}} \\ c_1 &= c_{1F} \times \left(1 - \frac{iter}{iter_{max}}\right) \times \frac{f_{AB} - f}{f_{AB} - f_{AS}} \\ c_2 &= c_{2F} \times \left(1 - \frac{iter}{iter_{max}}\right) \times \frac{f - f_{AS}}{f_{AB} - f_{AS}} \end{aligned}\right\} \tag{7.5}$$

当 $f \geqslant f_{AB}$ 时，有

$$\left.\begin{aligned} \omega &= \omega_{max} - (\omega_{max} - \omega_{min}) \times \frac{iter}{iter_{max}} \\ c_1 &= c_{1F} \\ c_2 &= c_{2F}\left(1 - \frac{iter}{iter_{max}}\right) \end{aligned}\right\} \tag{7.6}$$

7.1.3　利用BP神经网络进行时间序列预测

标准BP算法采用梯度下降依次修正各层权值，即

$$\omega_{ij}(t+1)=\omega_{ij}(t)+\Delta\omega_{ij}(t) \tag{7.7}$$

$$\varphi_{ij}(t+1)=\varphi_{ij}(t)+\Delta\varphi_{ij}(t) \tag{7.8}$$

式中，$\Delta\omega_{ij}=-\eta\frac{\partial E}{\partial\omega_{ij}}$，$\Delta\varphi_{ij}=-\eta\frac{\partial E}{\partial\varphi_{ij}}$，$\eta$为学习率($0<\eta<1$)。

从式(7.7)或式(7.8)中可以看出η一旦设定之后在整个学习过程中不会发生变化，如果η设置过大会导致网络错过最优解，而η设置过小则网络迭代速度慢且易陷入局部最优。并且在学习过程中，如果误差曲面存在极值点，则$\Delta\omega_{ij}$或者$\Delta\varphi_{ij}$为零，$\omega_{ij}(t+1)=\omega_{ij}(t)$或者$\varphi_{ij}(t+1)=\varphi_{ij}(t)$，此时网络容易陷入局部最优值而停止学习。基于这些问题，首先利用动量因子将式(7.7)和式(7.8)修改为

$$\omega_{ij}(t+1)=\omega_{ij}(t)+(1-\alpha)\Delta\omega_{ij}(t)+\alpha\Delta\omega_{ij}(t-1) \tag{7.9}$$

$$\varphi_{ij}(t+1)=\varphi_{ij}(t)+(1-\alpha)\Delta\varphi_{ij}(t)+\alpha\Delta\varphi_{ij}(t-1) \tag{7.10}$$

从式(7.9)和式(7.10)中可以得到，当$\alpha=0$时，权值的变化完全与标准BP算法中权值修改一致；当$\alpha=1$时，新的权值变化等于前一次权值的变化。通过α的调整，可以减少网络训练时的振荡现象，避免网络陷入局部最优。同时在学习过程中自适应地调整学习率，当新的调节误差比设定的最大调节误差大时，将η降低，即将上一步η乘以一个小于1的系数，并将α置零；当新的调节误差比上一步调节误差小时，用η乘以一个大于1的值增加其大小。这样在确保迭代速度的同时，有效避免网络陷于局部最小值。

7.2　数值实验与讨论

7.2.1　数值训练

本章利用前7个节点预测后一个节点，其隐含层节点数设置为15，最终得到的实验结果如图7.3所示(彩图见封三)。

图7.3中红色曲线为土壤湿度的真实值，黑色曲线为预测值。从图7.3中可以看出，两条曲线波形非常接近，表明预测值与真实值之间的差异非常小。该预测方法很好地再现了土壤湿度的真实变化。

7.2.2　对比验证

为验证本章提出方法的有效性，我们进行了另外四种方法的对比实验，五

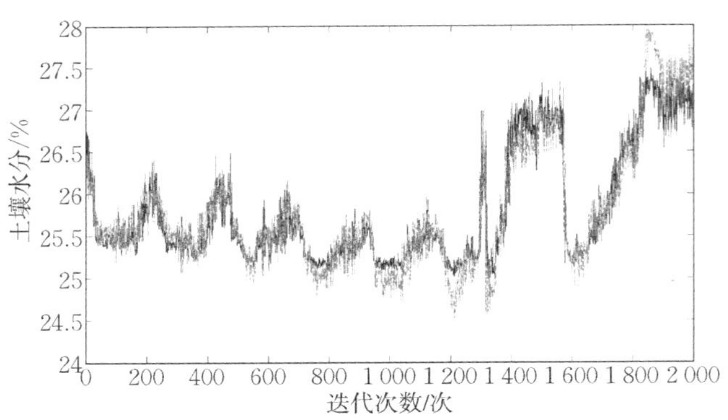

图 7.3 改进的 BP 神经网络预测结果

种方法分别为 BP、PSO-BP、IPSO-BP、PSO-IBP、IPSO-IBP。其中，BP 是利用神经网络直接对时间序列进行预测；PSO-BP 是利用 PSO 优化 BP 神经网络初始权值和阈值，再用 BP 进行时间序列数据的预测；PSO-IBP 是利用 PSO 优化 BP 神经网络初始权值和阈值，再用改进的 BP 进行时间序列数据的预测；IPSO-BP 首先对 PSO 进行优化，然后利用优化后的 PSO 优化 BP 神经网络初始权值和阈值，最后用 BP 进行时间序列数据的预测；IPSO-IBP 首先对 PSO 进行优化，然后利用优化后的 PSO 优化 BP 神经网络初始权值和阈值，最后用改进的 BP 进行时间序列数据的预测。表 7.1 为五种方法的对照表。在五种不同的方法中，BP 神经网络结构完全相同，并且采用相同的针对 PSO 和 BP 的改进方法。

表 7.1 五种预测方法的对照结果

方法简称	描述
BP	利用神经网络直接对时间序列进行预测
PSO-BP	利用 PSO 优化 BP 神经网络初始权值和阈值，再用 BP 进行时间序列数据的预测
PSO-IBP	利用 PSO 优化 BP 神经网络初始权值和阈值，再用改进的 BP 神经网络进行时间序列数据的预测
IPSO-BP	首先对 PSO 进行优化，然后利用优化后的 PSO 优化 BP 神经网络初始权值和阈值，最后用 BP 进行时间序列数据的预测
IPSO-IBP	首先对 PSO 进行优化，然后利用优化后的 PSO 优化 BP 神经网络初始权值和阈值，最后用改进的 BP 进行时间序列数据的预测

五种方法中标准 BP 的均方误差(mean squared error，MSE)最高为 3.57×10^{-5}，在迭代 30 次后 MSE 迅速降低，然后分别在 55 次迭代、80 次迭代和 110 次迭代时 MSE 分别降低，最终在 110 次迭代时降低至最低值。PSO-BP 方法在迭代 60 次左右达到稳定，在 80 次迭代时经过小幅度降低至最低值 3.16×10^{-5}，在

MSE 方面经过 PSO 优化之后的预测结果明显好于标准 BP 网络的结果。

表 7.2　五种算法迭代次数对照

算法	BP	PSO-BP	PSO-IBP	IPSO-BP	IPSO-IBP
迭代次数	110	80	28	24	14

表 7.2 为五种算法迭代次数对照，表中可以看出，本书所提出的方法能有效减少迭代时间，提高运行效率。

第 8 章　植被覆盖地表土壤水分反演模型

8.1　主动微波反演土壤水分方法模型

本章针对植被覆盖地表区域土壤水分监测采用了两种不同的方法，一种是基于水云模型的主动微波反演土壤水分方法，一种是主被动微波联合反演土壤水分方法。利用 30 m 中分辨率的地面实测数据对两种方法分别模拟的土壤水分值进行结果验证，结果表明利用植被指数（vegetation index，VI）来参与主被动联合反演模型，能更好地表示植被覆盖度和土壤水分之间的关系，模拟的植被覆盖地表土壤水分结果精度更高，更适用于植被覆盖均一且地表粗糙度较小的均匀区域。因此该方法可应用于大范围、连续的植被覆盖地表土壤水分的监测。

8.1.1　模型设计流程图

主动微波反演土壤水分方法模型基本原理是利用水云模型去除雷达后向散射信息中植被散射的贡献，得到针对土壤的雷达后向散射系数值。通过降尺度处理，再建立其与土壤水分之间的经验关系，实现植被覆盖地表中土壤水分的监测。模型设计流程如图 8.1 所示。

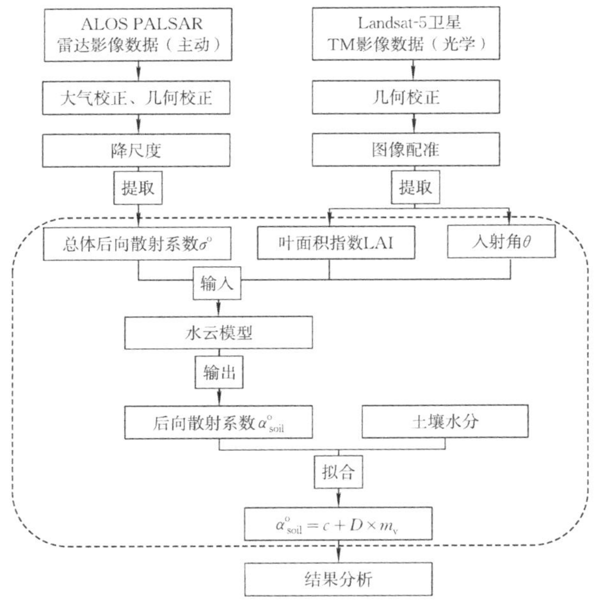

图 8.1　主动微波反演土壤水分模型设计流程

8.1.2　水云模型概述

水云模型是由 Ulaby 等(1978)基于辐射传输理论提出的经典模型，是最早期的植被散射半经验模型，在主动微波半经验植被模型中应用最为广泛。Paris(1986)基于 C、X 波段下机载散射计 ERASME 的实测数据，分析了小麦的后向散射特性，利用水云模型来提取小麦中水分和土壤的地表含水量。Pellarin 等(2003)分别利用水云模型和 IEM 提取了植被覆盖地表的土壤水分信息，同时用植被相关长度参数来表示植被在空间分布上的异质性和雷达阴影，结果取得较高的实验精度。

水云模型将植被描述为均匀的介质，利用经验系数和植被参数来表示植被冠层一阶辐射传输，把植被描述成球形水滴和干物质的组合，其中的干物质是用来保持冠层内的水分能够均匀分布。该模型适用的假设条件是：①组成植被层表面的整个植被空间的类似水分子均匀分布且颗粒大小相等；②忽略植被层与土壤表面之间的多次散射作用，只考虑单次散射的影响；③在植被层则只考虑高度和密度两个变量。水云模型描述植被覆盖地表的散射机制很简单，如图 8.2 所示，植被覆盖地表的散射机制被分为经植被双层衰减后的土壤后向散射项和由植被直接散射回来的体散射项两个部分。

水云模型的表述方式众多，在水云模型中，由于植被体散射贡献和下垫面散射贡献共同组成了冠层的总后向散射，并且植被层在一定程度上削减了下垫面散射的贡献，如果在不考虑雷达阴影与地形起伏的影响条件下，水云模型表达为

$$\sigma^{\circ}=\sigma_{\mathrm{veg}}^{\circ}+\tau^{2}\sigma_{\mathrm{soil}}^{\circ} \tag{8.1}$$

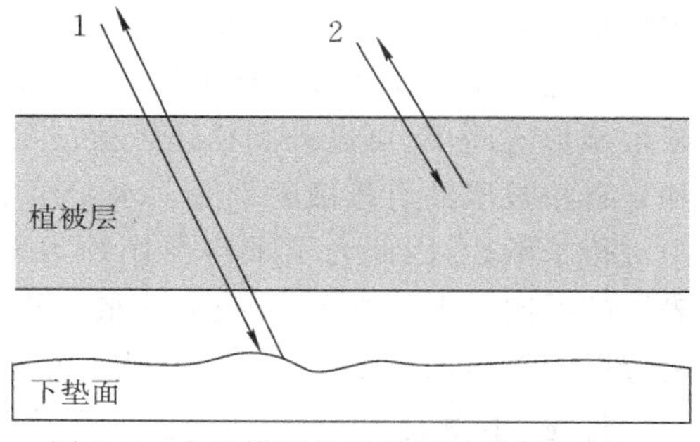

图 8.2　水云模型描述的植被散射机制
(Ulaby et al, 1982a)

式中，σ° 为雷达获得的植被覆盖地表总体后向散射系数，$\sigma_{\mathrm{soil}}^{\circ}$ 为针对土壤表层的后向散射系数，$\sigma_{\mathrm{veg}}^{\circ}$ 为地表植物产生的后向散射系数，τ^2 为双程衰减系数，τ^2 和 $\sigma_{\mathrm{veg}}^{\circ}$ 的计算公式为

$$\tau^{2}=\exp\left(-2Bm_{\mathrm{v}}/\cos\theta\right) \tag{8.2}$$

$$\sigma_{\mathrm{veg}}^{\circ}=Am_{\mathrm{v}}\cos\theta(1-\tau^{2}) \tag{8.3}$$

式中，θ 为入射角；m_{v} 为冠层中的水分含量(kg/m^3)；A、B 为经验常数，同植被类型相关。

Jackson 等(2009)分析和评价了三种计算植被冠层中水分含量 m_{v} 的计算方法，得出叶面积指数(LAI)与 m_{v} 之间存在明显的线性关系，因此本章则利用 LAI 代替植被冠层含水量 m_{v}。

总结上述公式，地表土壤表层的总后向散射系数可以表示为

$$\sigma_{soil}^{o}=\frac{\sigma^{o}-A\times LAI\times\cos\theta(1-\exp(-2B\times LAI/\cos\theta))}{\exp(-2B\times LAI/\cos\theta)} \tag{8.4}$$

式中，σ^{o} 为植被覆盖地表的冠层总后向散射系数，σ_{soil}^{o} 为土壤表层的后向散射系数，θ 为入射角，LAI 为叶面积指数，A、B 为经验常数。

植被覆盖地表下的土壤水分含量与土壤的后向散射系数是直接相关的，因此根据水云模型公式即可计算出土壤后向散射系数，从而可以估算出土壤水分的含量。

8.1.3 主动微波反演土壤水分方法的原理

植被层所含的植被水分影响着土壤水分信息的获取，利用微波传感器接受的微波信号中包括植被水分与土壤水分的共同作用，由微波信号获得的水分信息也同时包含植被与土壤水分。植被和土壤表面之间存在多次散射，观测到的微波信号是土壤水分和植被水分相互作用产生的结果，因此在进行土壤水分估算过程中，应设法消除观测到的水分含量信息中的植被散射和吸收的贡献。雷达的后向散射系数对土壤水分的敏感性很高，它能够反映出大范围的土壤水分变化，在实际应用中主要受到地表粗糙度和植被覆盖的影响（郭英，2011）。但是由于本章研究区土壤质地较均匀，因此在假设粗糙度不变的情况下对土壤水分进行估算实验。

在应用于农作物覆盖区域时，多采用水云模型来描述植被层的散射机制。水云模型形式简单，可以分别描述经植被层双程衰减后的土壤表面的后向散射部分和来自植被层的直接散射部分。水云模型推导公式已经在本书第3章3.2.5小节中进行了阐述，因此为了求得与作物类型有关的两个经验常数 A、B 的值和土壤表层的后向散射系数 σ_{soil}^{o}，我们需要提取的参数主要有三个，分别是：植被覆盖地表冠层的总后向散射系数 σ^{o}、入射角角度 θ 及叶面积指数 LAI。

首先，本章将校正后的雷达影像及TM影像通过重采样的方法做降尺度处理，形成分辨率为30 m的影像。随后针对植被覆盖的地表，根据大量的研究表明，分别在HH和VV极化下，可以建立起土壤的后向散射系数（单位：dB）同土壤水分之间的线性关系，即

$$\sigma_{soil}^{o}(\mathrm{dB})=c+D\times m_{v} \tag{8.5}$$

其中，土壤的后向散射系数（单位：dB）为

$$\sigma_{soil}^{o}(\mathrm{dB})=10\times\log_{10}\sigma^{o} \tag{8.6}$$

由于土壤的后向散射系数与土壤湿度两者之间为线性关系，我们可以得到，土壤水分的方差等于后向散射系数的方差。在此基础上，许多国内外的学者通过利用后向散射系数来估算土壤水分。假设土壤粗糙度恒定不变，获取的研究区雷达PLASAR影像中，后向散射系数的最大值和最小值分别用来代表土壤含水量较大和较小的情况。

8.2　主被动微波联合反演土壤水分模型

8.2.1　模型设计流程

主被动微波遥感协同反演土壤水分算法模型的基本原理是：分析从雷达影像获得的后向散射值与土壤水分之间的线性关系，在不考虑土壤粗糙度影响的前提下，通过融合 L 波段机载微波辐射计地面同步观测数据集（120 m）数据与 L 波段 ALOS PALSAR（10 m）雷达观测数据来实现 30 m 中分辨率土壤水分监测，并考虑植被指数（VI）对土壤水分变化的影响，最后建立起土壤体积水分与雷达后向散射及植被指数之间的近线性关系。如图 8.3 所示为该算法模型的设计流程。

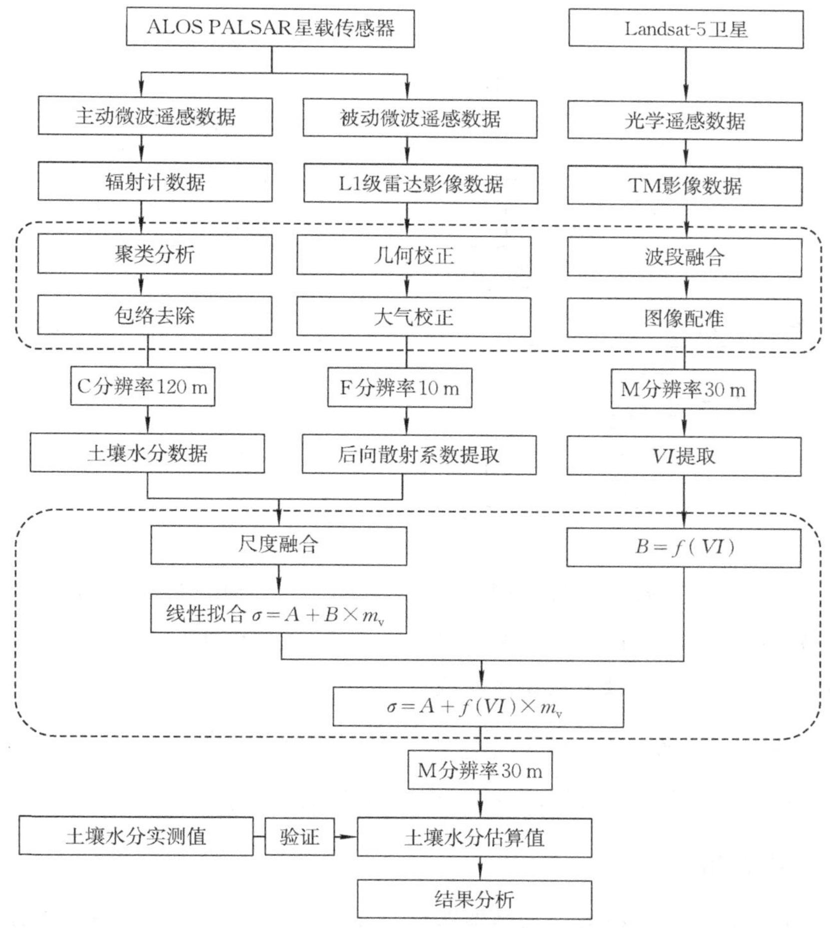

图 8.3　主被动微波联合反演土壤水分模型的设计流程

8.2.2 格网定义

ALOS PALSAR 的 L1 级产品数据，其辐射计空间分辨率为 120 m，其雷达空间分辨率为 10 m。为了方便，本书定义"C(coarse)"即为辐射计数据(120 m)低分辨率，"F(fine)"即为雷达数据(10 m)高分辨率，"M(medium)"即为主被动结合后得到的土壤体积含水量数据(30 m)中分辨率。如图 8.4 所示，很显然，每个低分辨率(120 m)象元中包含 16 个中分辨率(30 m)象元和 144 个高分辨率(10 m)象元。并且 n_M 代表一个低分辨率象元合成中分辨率象元的个数，n_F 代表一个低分辨率象元内合成高分辨率象元的个数，t 代表观测时刻。其中，低分辨率和中分辨率的雷达后向散射可以由同一网格内的高分辨率的雷达后向散射聚合得到。

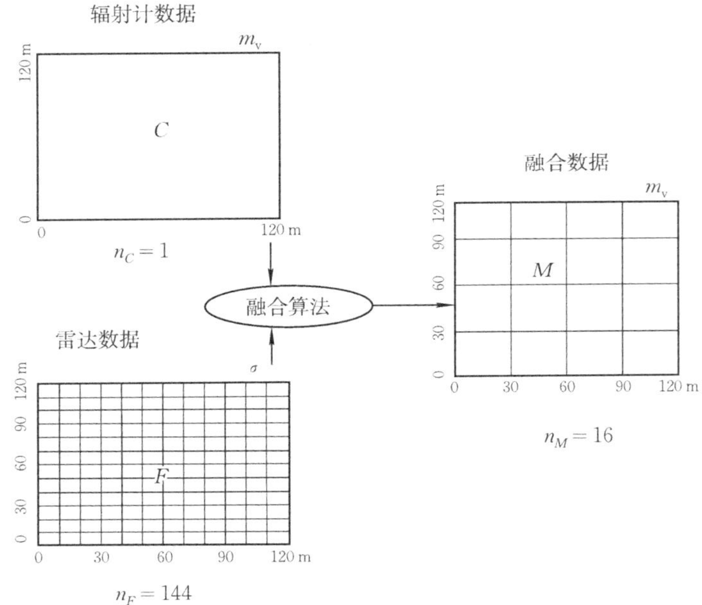

图 8.4 辐射计数据、雷达数据及中分辨率三者之间的网格拓扑关系

主被动微波联合反演中等分辨率下土壤水分，其算法涉及尺度融合，因此本章定义两个在数学公式中被频繁使用的线性算子，即

$$\text{空间平均算子}：\langle x \rangle = \frac{1}{A}\int x\,\mathrm{d}a\text{；空间异常算子}：\vartheta x = x - \langle x \rangle \tag{8.7}$$

式中，A 表示较大像素的面积，a 表示在 A 中较小像素的面积。

8.2.3 算法原理

为了减少由于实际研究区植被覆盖地表下土壤表层不均匀所导致的误差，量化空间范围内影响因素的多样性，本章算法基于三个主要假设：①在介于高分辨率雷达(10 m)和低分辨率辐射计(120 m)的中分辨率(30 m)尺度上，土壤水分和雷达后向散射的对数及植被指数存在线性关系；②线性关系的斜率受植被指数的影响，与雷达后向散射的变化不相关；③植被类型及覆盖度在不同尺度范围内不变。

在 L 波段的雷达后向散射和土壤体积水分两者间的关系在大量研究中被描述(Shi，2005；Njoku，2003；Chen et al，2010)，研究表明在 L 波段的雷达后向散射和土壤体积水分之间存在线性关系，因此本书讨论的算法公式是建立在这种线性关系上的。假设土壤体积水分 m_v 和极化后向散射 σ 的线性关系表示为

$$m_v = A + B\log_{10}(\sigma) \tag{8.8}$$

则在 C 分辨率下，土壤体积水分与后向散射关系定义为

$$m_v(C,t) = A(C) + B(C)\log_{10}[\sigma(C,t)] \tag{8.9}$$

式中，$m_v(C,t)$ 为在 C 范围内 t 时刻的土壤体积水分值，$\sigma(C,t)$ 可由 $\sigma(M,t)$ 空间平均得到，$A(C)$ 和 $B(C)$ 参数可以用 C 分辨率下的土壤体积水分和 F 分辨率下的雷达后向散射的时间序列数据回归得到，则式(8.9)可写为

$$m_v(C,t) = A(C) + B(C)\langle\log_{10}[\sigma(M,t)]\rangle \tag{8.10}$$

根据式(8.10)可定义在 M 范围内土壤体积水分与极化雷达后向散射系数之间的线性关系，为

$$m_v(M,t) = A(M) + B(M)\log_{10}[\sigma(M,t)] \tag{8.11}$$

对式(8.11)等式两边进行空间平均化，得

$$\langle m_v(M,t)\rangle = \langle A(M)\rangle + \langle B(M)\log_{10}[\sigma(M,t)]\rangle \tag{8.12}$$

在此，假设在地势平坦、地质均匀的 C 范围内，植被类型与地表粗糙度在空间上是均匀分布的。因此这种情况下，假设 $A(M) = \langle A(M)\rangle = A(C)$ 且 $B(M) = \langle B(M)\rangle = B(C)$。 则式(8.11)减去式(8.12)得

$$\begin{aligned}\vartheta m_v(M,t) &= m_v(M,t) - \langle m_v(M,t)\rangle \\ &= B(C)\{\log_{10}[\sigma(M,t)] - \langle\log_{10}[\sigma(M,t)]\rangle\}\end{aligned} \tag{8.13}$$

结合式(8.12)、式(8.13)且 $\langle m_v(M,t)\rangle = m_v(C,t)$，即 M 下的土壤水分 $m_v(M,t)$ 完整的算法为

$$\begin{aligned}m_v(M,t) &= \langle m_v(M,t)\rangle + \vartheta m_v(M,t) \\ &= m_v(C,t) + B(C)\{\log_{10}[\sigma(M,t)] - \langle\log_{10}[\sigma(M,t)]\rangle\}\end{aligned} \tag{8.14}$$

该算法表明了参数和植被、地表特征有一致性的关系，Bindlish(2011)表明了 L 波段极化雷达后向散射频道的相关敏感度主要取决于植被冠层的不透明度(如 VWC)。Mironov 等(2010)对于 L 波段极化雷达后向散射使用积分方程模型表明表面粗糙度对雷达土壤水分敏感度没有很大影响。实验数据和理论模型可以用来推导极化雷达后向散射对植被的依赖程度。对于这种关系，关于植被的高分辨率辅助数据(如光学、红外植被指数)被用来调节在 M 范围内的斜率参数。在此，为

了考虑植被对土壤水分变化的直接影响，因此引进参数植被指数（VI），假设 $B(C) = a \times VI^2 + b \times VI + c$，则最终式（8.14）变为

$$m_v(M,t) = m_v(C,t) + (a \times VI^2 + b \times VI + c)\{\log_{10}[\sigma(M,t)] - \langle\log_{10}[\sigma(M,t)]\rangle\} \tag{8.15}$$

式中，通过拟合可得到经验系数 a、b、c；$\sigma(M,t)$ 是在 M 分辨率下的极化雷达后向散射系数，可由解集 $\sigma(F,t)$ 中得到；$m_v(C,t)$ 是在 C 范围内的土壤体积水分值，由辐射计观测得到；$\log_{10}[\sigma(M,t)]$ 和其空间平均值 $\langle\log_{10}[\sigma(M,t)]\rangle$ 由雷达数据得到；VI 由实验区光学影像提取得到。

8.3 实验与结果分析

8.3.1 主动微波反演土壤水分实验

本章主要针对中分辨率下植被覆盖地表土壤水分的估算，因此在利用主动微波方法反演土壤水分前，首先要对主动数据进行降尺度处理。本章利用重采样方法，将分辨率为 10 m 的雷达后向散射数据降尺度到 30 m 分辨率下的后向散射系数值，分别得到 HH、HV 极化下的植被覆盖地表总的后向散射系数值 σ°。本书最终的目的是求得土壤表层的后向散射系数 σ°_{soil}，因此，求得经验常数 A、B 是推导水云模型的关键。

使用光学影像中提取的叶面积指数（LAI）来代替植被含水量，并结合水云模型进行土壤水分的估算。根据获取的法国阿龙（Aron）加密观测区 Landsat-5 TM 影像提取的 LAI 值作为先验知识，输入水云模型，经过最小二乘法计算，得到模型中两个经验参数 A 和 B。本次研究区经验参数值分别为：$A = 0.0034$，$B = 0.0130$。将所得的经验常数 A、B 代入式（8.4）中，得到式（8.16），即植被覆盖地表土壤表层的后向散射系数计算公式，即

$$\sigma^{\circ}_{soil} = \frac{\sigma^{\circ} - 0.0034 \times LAI \times \cos\theta(1 - \exp(-2 \times 0.0130 \times LAI/\cos\theta))}{\exp(-2 \times 0.0130 \times LAI/\cos\theta)} \tag{8.16}$$

将雷达获得的后向散射系数 σ° 与 LAI 输入模型中，所得到的后向散射值 σ°_{soil} 与雷达影像提取的总体后向散射系数之间的关系如图 8.5 和图 8.6 所示。从图 8.5 和图 8.6 可以看出，经过水云模型将植被对传感器获得的总体后向散射影响削减了之后，HH、HV 极化的后向散射系数普遍都比总体后向散射系数值要偏小，因此剩余的后向散射系数可以被认为是来源于针对土壤的后向散射值。HH 极化下的采样点后向散射系数下降幅度在－5 左右的后向散射系数由－21～－5 下降至－26～－11。HV 极化下的后向散射系数由－34～－12 下降至－41～－20，采样点后向散射系数

下降幅度在－8 左右。此处是因为同极化 HH 极化对二面角反射效应的敏感度较高，所以其后向散射系数比交叉极化 HV 极化偏高。这是由于地表植被的枝干、形状等对交叉极化影响要比同极化的影响大，植被枝干与叶片的倾角影响着不同极化对其的响应程度，从而不同程度地影响着其对 HH 极化与 HV 极化的雷达波散射。

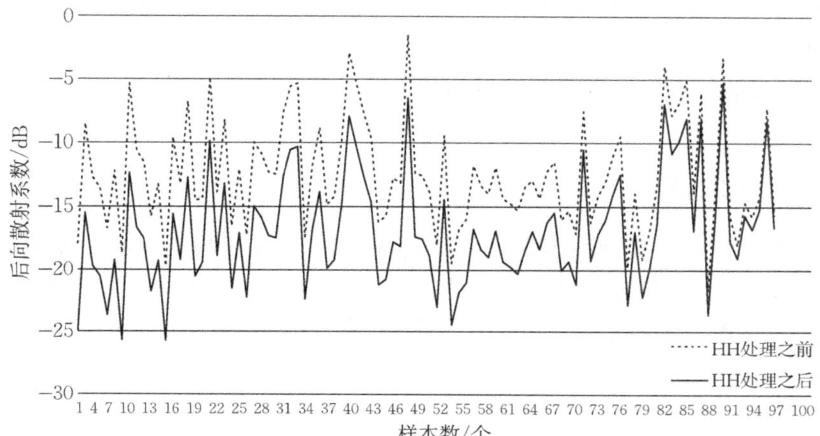

图 8.5　HH 极化下总体后向散射值与剩余后向散射值的关系

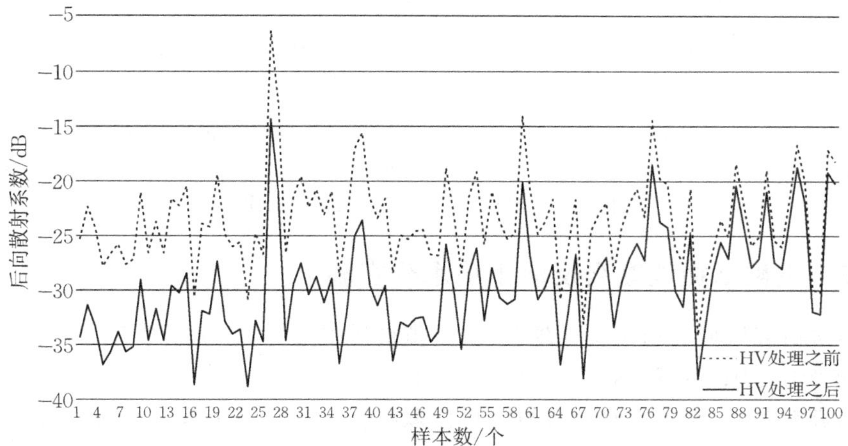

图 8.6　HV 极化下总体后向散射值与剩余后向散射值的关系

在去除地表植被对雷达后向散射系数的贡献作用之前，样点的总体后向散射系数与土壤水分相关性较低。利用水云模型能够去除地表植被对总体后向散射的吸收和散射影响，得到的针对土壤后向散射系数与土壤水分的相关性较高。其中 HV 极化下 R^2 为 0.488，HH 极化下 R^2 为 0.651。由此看出 HH 极化的后向散射系数与土壤水分的拟合精度要高于 HV 极化，因此本章将 HH 极化下的后向散射系数作为主动微波反演土壤水分模型的输入参数。

将 HH 极化下得到植被覆盖地表土壤表层的后向散射系数 σ^{o}_{soil} 代入拟合方程式 $y=0.3557x+52.68$ 中，即求得研究区植被覆盖地表土壤水分值。

根据在法国阿龙加密研究区（Aron research area）内观测得到的 PALSAR 雷达和 Landsat-5 TM 数据及相应的地面实测数据，对主动微波遥感联合光学遥感反演土壤水分的方法进行验证。该方法是针对中等分辨率下的植被覆盖地表的土壤水分的估算实验。首先是利用水云模型将植被对雷达总体后向散射的贡献去除，再利用剩余的雷达后向散射系数与地面实测土壤水分数据进行拟合，得到拟合方程。

8.3.2 结果验证

为了去验证水云模型与主动微波协同反演的 30 m 分辨率下的土壤水分算法，本章利用 30 m 中分辨率的地面实测数据对上述算法的反演结果进行了验证。精度比较结果如图 8.7 所示。该模型结果精度 R^2 为 0.669 5，RMS 为 0.067。

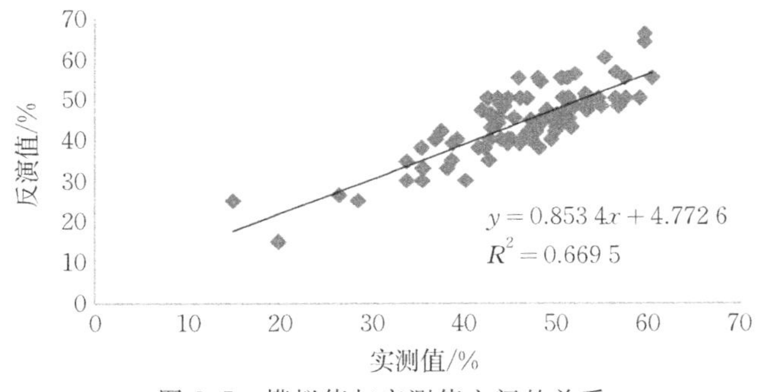

图 8.7 模拟值与实测值之间的关系

8.3.3 主被动微波联合反演土壤水分实验

本次研究区域为植被覆盖地区，由于植被散射的存在，研究结合了主被动微波遥感和光学遥感影像数据，在主被动微波联合反演土壤水分算法融合了植被指数参数的影响下，根据土壤水分含量和后向散射系数与植被指数之间的关系，建立起一种估算植被覆盖地表的反演方法，实现对植被覆盖地表土壤水分进行监测。

然后，将 L 波段的辐射计数据与雷达后向散射系数应用到主动、被动算法中，辐射计数据为 120 m 分辨率，雷达数据为 10 m 分辨率。大量研究表明在不同植被指数值的情况下，土壤水分 m_v 与 σ_{PP} 之间有高度的一致性，结果显示 m_v 与 σ_{HH} 之间的一致性最好。因此，本研究利用来自土壤的水分值与 HH 极化下的后向散射值 σ_{HH} 进行拟合。

基于上述主被动微波联合反演算法，输入参数为 120 m 分辨率下土壤水分值

$m_v(C,t)$、$\sigma(F,t)$ 与 VI 值。然后在设定粗糙度和入射角且 $VI>0$ 的情况下，模拟 $B(C)$ 与 VI 之间的关系，如图 8.8 所示。

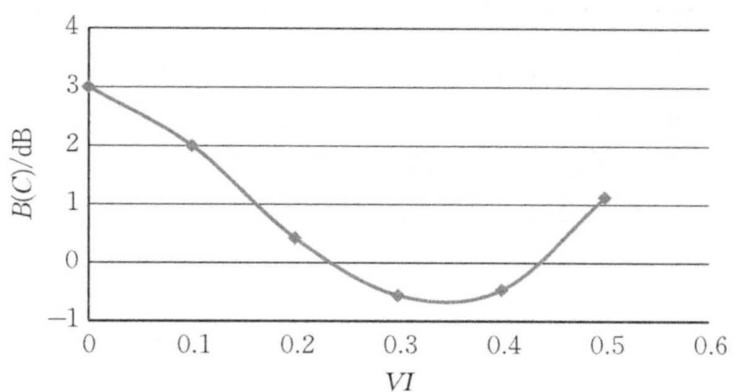

图 8.8　HH 极化下 VI 值与拟合的斜率 $B(C)$ 之间的关系

图 8.9 表明不同 VI 值条件下的 HH 极化雷达后向散射系数与土壤体积水分含量之间的相关性系数，即 $R^2 \geqslant 0.6$，则后向散射值 σ_{HH} 与 $m_v(C,t)$ 之间有显著的相关性，如图 8.10 所示，可利用二次函数表达 σ_{HH} 与 $m_v(C,t)$ 之间关系，得到经验系数 $a=35.07$、$b=-22.61$、$c=3.36$。最终将经验系数 a、b、c 代入式(8.15)得

$$m_v(M,t)=m_v(C,t)+(35.07\times VI^2-22.61\times VI+3.36)\times \{\log_{10}[\sigma(M,t)]-\langle\log_{10}[\sigma(M,t)]\rangle\} \tag{8.17}$$

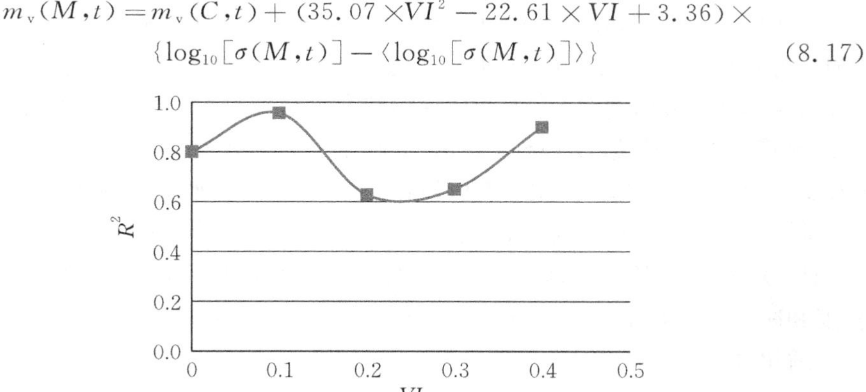

图 8.9　不同 VI 值条件下的 HH 极化雷达后向散射系数与土壤体积水分含量之间的相关性

利用式(8.17)来返演土壤水分含量解得 30 m 中分辨率土壤水分值。为了去验证 30 m 分辨率下反演的土壤水分评估精度，本书利用 30 m 中分辨率下地面实测数据对上述算法反演结果进行了验证。

8.3.4　结果验证

本章提出的主被动联合监测方法是以主被动微波遥感为主、光学遥感为辅的方法，同样是针对中等分辨率下的植被覆盖地表。该方法是基于主动微波的 ALOS PLASAR 雷达数据及被动微波的辐射计观测数据，将其中的雷达后向散射及辐射计土壤水分数据进行相关性分析，并拟合方程，然后将方程中的斜率 B 与光学遥感植被指数(VI)数据再次进行拟合，最终得到以高分辨率下的雷达后向散射系数、低分辨率下的土壤水分值及中等分辨率下的植被指数为输入参数，模拟得到中分辨率下的土壤水分值。在此，利用中等分辨率下的实测土壤水分值来验证该算法的模拟精度，结果如图 8.10 所示。

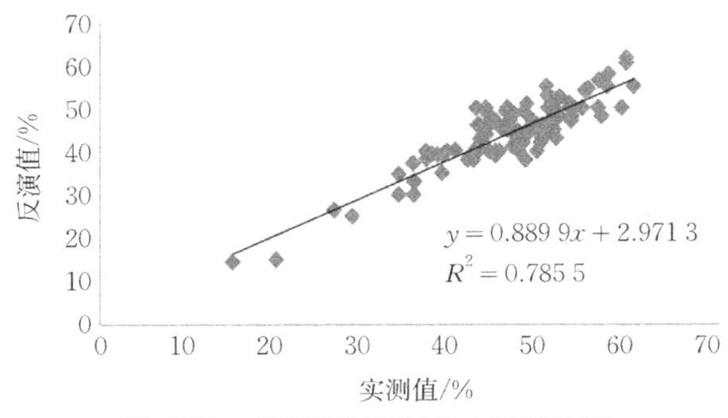

图 8.10 模拟值与实测值之间的关系

由图 8.10 可知，在 100 个样本中，决定系数 R^2 为 0.785 5，总体均方根误差 RMS 为 0.055，因此得出结论：上述算法模型所得土壤水分模拟值与实测值存在良好的相关性，表明增加 VI 参数使得该算法模型在反演土壤水分方面精度很高，主被动算法结果精度($RMS=0.055$)胜于通过主动微波反演土壤水分值精度($RMS=0.067$)，更好地适用于植被覆盖区域的土壤水分反演工作。在该算法中，能够减少 $B(C)$ 评估误差，或者换句话说，增加土壤水分值 $m_v(M,t)$ 与 $\log_{10}[\sigma(M,t)]$ 数据对的数目，以及 $B(M)$ 与 VI 的数据对数目，将会增强 $B(C)$ 值的精度和减少高分辨率土壤水分估计值的 RMS 值。根据结果本章建立了主被动算法的适用性。

8.4 精度对比

本章分别采用了主动微波反演土壤水分方法与主被动微波联合反演土壤水分方法来进行针对植被覆盖地表的土壤水分监测实验。主动微波反演土壤水分方法是基于水云模型，将雷达信号中去除植被对雷达后向散射的贡献作用，再结合光学遥感 TM 影像中提取的叶面积指数，建立起主动微波与光学遥感协同反演植被覆盖下土壤水分的方法。

而主被动微波联合反演土壤水分方法是结合了主动、被动微波遥感及光学遥感影像数据，在主被动微波联合反演土壤水分算法中融合了植被指数参数的影响，分析了土壤水分含量和后向散射系数与植被指数之间的关系，建立起一种估算植被覆盖地表的土壤水分的反演方法，实现对植被覆盖地表土壤水分进行监测。本书方法主要以主被动微波遥感联合反演算法为主，光学遥感数据为辅，将各自的优势结合起来，弥补了单方面的不足。

上述两者方法的共同点都是以光学遥感影像为辅助数据，引进了植被参数。不同点是前者首先是将观测到的水分含量信息中的植被散射和吸收的贡献消除，得到只针对土壤水分的雷达后向散射值，再以此与土壤水分进行拟合。而后者是将植被参数以 *VI* 的形式参与到主被动微波联合反演土壤水分算法中，将其与算法中的斜率 B 进行拟合，共同反演出植被覆盖地表的土壤水分值。

表 8.1　植被覆盖地表土壤水分反演结果对比分析

方法	输入参数	R^2	*RMS*
基于水云模型主动微波反演方法	雷达后向散射、*LAI*	0.669 5	0.067
主被动微波协同反演方法	雷达后向散射、*VI*	0.785 5	0.055

如表 8.1 所示表明利用光学遥感数据中获得的 *VI* 来参与主被动联合反演模型，能更好地表示植被覆盖度和土壤水分之间的关系，模拟的植被覆盖地表土壤水分结果精度更高。本书提出的主被动联合反演中分辨率下的土壤水分方法适用于植被覆盖均一且地表粗糙度较小、均匀的情况，能够成功反演植被覆盖下的土壤水分，可应用于大范围植被覆盖的土壤水分空间。

第9章 多源遥感数据与水文过程模型的土壤水分同化方法研究

在地表土壤水分含量的同化中，人们一般将被动微波的亮温数据作为遥感观测数据，然而被动微波数据的空间分辨率较低，较大地限制了其在地球观测中的应用。利用合成孔径雷达，主动微波能轻易地解决空间分辨率较低的问题。有研究表明(Mancini et al,1999)，C波段和L波段的主动微波估计的裸露地表土壤水分含量精度误差在5%以内，基本与大多数野外实测的数据相当。光学遥感数据也能用来估算土壤水分含量，通过地物反射辐射特征变化来模拟地表覆盖类型、地表温度、土壤热惯量、地表蒸散发与土壤水分含量之间的经验关系，从而实现土壤水分含量的反演。

因此，本章提出一种同化微波ASAR与光学ASTER遥感数据获取裸露地表土壤水分含量的算法，利用集合卡尔曼滤波将多源遥感数据同化到DHSVM中，同化模型的观测算子为AIEM和TVDI模型。为对本章同化算法进行验证，于2008年6月1日至7月2日在中国甘肃省黑河流域中游进行了土壤水分含量同化实验，并利用实测土壤水分含量对同化结果进行了验证。

9.1 同化算法

一般情况下，数据同化系统应包括模型算子、观测算子、同化算法和观测数据集。DHSVM(distributed hydrology-soil-vegetation model)作为本章同化系统的模型算子用来描述均匀土壤中不饱和土壤水分的运动。观测算子(TVDI模型和AIEM算法)主要用来建立模型模拟的状态变量和观测数据之间的关系。集合卡尔曼滤波具有强大的非线性问题处理能力，用来整合模型模拟与遥感观测的结果。首先将具有统计特征的伪随机噪声加入土壤水分含量的初始值，产生土壤水分含量的初始集合。利用土壤水分含量初始集合、DHSVM参数和大气驱动参数运行DHSVM，获取土壤水分含量的预报值。当ASAR/ASTER观测数据有效时，将预报的土壤水分含量和其他模型参数作为输入，利用TVDI模型和AIEM计算模拟的TVDI和后向散射系数，并集合卡尔曼滤波更新土壤水分含量。然后将更新的土壤水分含量重新初始化模型参数，并进入下一时刻，当遥感观测再次可用时，再进行同化(图9.1)。

DHSVM是一个分布式水文-植被模型，其清晰地描述了地形和植被对水热通量的影响。模型精细地考虑了冠层截留、蒸发、蒸散、积雪融化和径流，已广泛应用于不同的流域中(Bowling et al,2000;Cuo et al, 2008)。DHSVM 基于流域数字高程模型来描述空间尺度上地表的水文动态过程，以数字高程模型(digital elevation model,DEM)的节点为中心，流域被分成若干计算网格单元，每个网格都被赋予各自的土壤特性和植被特性，在整个流域上，这些特性随空间位置的不同而变化。地形特性用于模拟流域地形对短波辐射吸收、降雨、气温和坡面流的作用。每一计算时段内，模型对流域内各网格的能量平衡方程和质量平衡方程提供联立解。

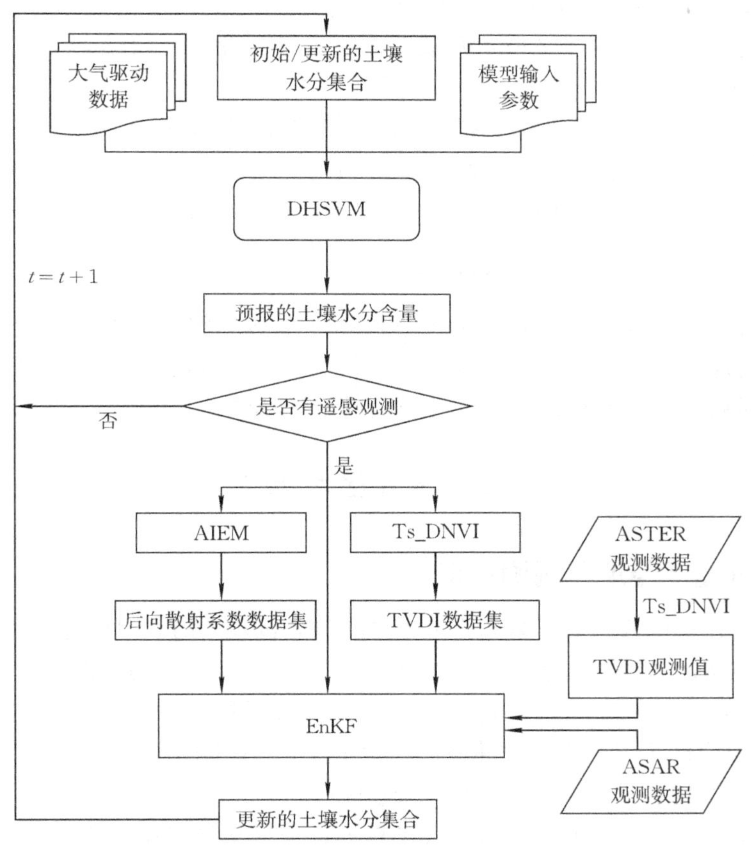

图 9.1　集合卡尔曼滤波同化遥感观测的流程

本书采用 Brubaker 等(1996)改进的集合卡尔曼滤波算法作为同化算法，该算法基于蒙特卡罗方法和非线性动力学，能够较好地处理非线性模型中误差协方差的演变。集合卡尔曼滤波主要分为预报和分析两步，主要步骤可参考相关文献。

采用 AIEM 来模拟微波数据的后向散射系数，该模型是目前最为广泛的真实地表电磁散射模拟模型，AIEM 中的单次散射项由式(9.1)给出(Wu et al, 2004)，即

$$\sigma_{PQs}^{o}=\frac{k_1^2}{2}\exp(-s^2(k_z^2+k_{sz}^2))\sum_{n=1}^{\infty}\frac{s^{2n}}{n!}|I_{PQ}^n|^2W^n(k_{sx}-k_x,k_{sy}-k_y) \quad (9.1)$$

$$I_{PQ}^n=(k_{sz}+k_z)^nf_{PQ}\exp(-s^2k_zk_{sz})+\frac{1}{2}[(k_{sz})^nF_{PQ}(-k_x,-k_y)+(k_z)^nF_{PQ}(-k_{sx},-k_{sy})] \quad (9.2)$$

式中，k_1 是介质 1 中的自由空间波数，s 是土壤表面均方根高度，$W^n(k_{sx}-k_x,k_{sy}-k_y)$ 是地表相关函数的 n 阶傅里叶变换，$k_z=k\cos\theta_i$，$k_{sz}=k\cos\theta_s$，$k_x=k\sin\theta_i\cos\varphi$，$k_{sx}=k\sin\theta_s\cos\varphi_s$，$k_y=k\sin\theta_i\sin\varphi$，$k_{sy}=k\sin\theta_s\sin\varphi_s$，$\theta_i$ 是入射角，φ 是入射方位角，θ_s、φ_s 分别是散射角和散射方位角，F_{PQ} 和 f_{PQ} 都是菲涅耳反射系数相关的函数。

采用光学 TVDI 模型来模拟 ASTER 数据的土壤水分反演。Sandholt 等(2002)利用简化的温度-植被指数(Ts-NDVI)特征空间提出了温度植被干旱指数(temperature vegetation drought index，TVDI)概念，可表示为

$$TVDI=\frac{Ts-Ts_{min}}{Ts_{max}-Ts_{min}} \quad (9.3)$$

式中，Ts_{min} 为 NDVI 对应的最低表面温度，对应着 Ts-NDVI 特征空间的湿边；Ts_{max} 为 NDVI 对应的最高表面温度，对应着 Ts-NDVI 特征空间的干边。TDVI 值越大，土壤水分含量就越接近于萎蔫含水量，土壤就越干旱；反之，土壤就越湿润。

9.2　研究区和数据

9.2.1　研究区与地面观测数据

本研究在中国西北的甘肃省张掖市盈科气象试验站的农田中进行了遥感同化实验。该实验区高程在海拔 1 000 m 至 2 000 m 之间，年平均气温为 6℃，该地区较干旱，年均降水仅为 121.5 mm，但年潜在蒸发量超过 2 340 mm，为降水量的 20 余倍。研究区主要是由人工灌溉的农田组成，属于中国西北的低平原部分。盈科灌区为荒漠中的一片绿洲，土壤质地为砂土占 16.7%，泥砂占 74.8，黏土占 8.5%，主要农作物为玉米。研究区共建立了若干自动气象站用于长期观测，本书所有的地面实测数据都来自于中国科学院西部行动计划项目“黑河流域遥感——地面观测同步试验”。土壤类型、植被类型数据均来源于国家自然科学基金委员会中国西部环境与生态科学数据中心(DCRES)。

9.2.2　遥感数据

在实验进行期间(2008 年 6 月 1 日至 7 月 2 日)，共有三景 ASAR 观测数据。获取时间为 2008 年 6 月 9 日、6 月 25 日、6 月 28 日，地面分辨率为 12.5 m×12.5 m。

在对ASAR数据进行预处理时，利用EnviView读取ASAR相关参数并进行辐射定标，得到ASAR后向散射系数，用Lee滤波对ASAR影像进行滤波，抑制斑点噪声。将ASAR数据与已有的2.5 m全色SPOT正射影像进行几何配准，配准精度在1个像素以内。

本实验收集的ASTER数据获取时间为2008年6月4日、6月13日。利用ASTER可见光波段的第2、第3波段获取NDVI，热红外的第13、14波段计算Ts。将所有遥感影像都采样到90 m×90 m，保持分辨率一致，并分别对ASTER和ASAR进行几何校正与配准。

9.3　实验和结果

9.3.1　实　验

为评估遥感数据在土壤水分含量同化中的影响，我们于2008年6月1日（儒略日152）至7月2日（儒略日183）之间进行了一些同化实验，实验样地分别位于盈科站与临泽站，每个样地同化表层（0～10 cm）、根层（10～40 cm）、深层（40～80 cm）的土壤水分含量。

在运行集合卡尔曼滤波时需要先验知识，以便决定模型与观测误差方差。误差方差的选择往往影响同化的结果，而模型和观测的误差在不同的时刻是变化的，因此难以同时标定模型和观测的误差。我们假设野外观测数据是真实数据。在同化实验进行前，即2008年6月1日前，DHSVM先运行一个月，获取模型误差和背景场误差，并在初始的土壤水分含量集合中加入高斯白噪声。本实验中，经实测数据标定，观测数据的方差设置为观测值的5%，模型误差设模型模拟状态变量的10%。利用大气驱动数据和地面观测的数据，DHSVM以三小时为步长进行运行。依据收敛测试的结果，集合的数目设定为120个，与其他文献相关实验的设置较为一致（Huang et al，2008）。此外，在同化实验期间，进行一个单独运行DHSVM且不同化遥感数据的模拟实验。

9.3.2　结　果

图9.2和图9.3分别显示了盈科站和临泽站2008年6月1日（儒略日152）到7月2日（儒略日183）之间表层、根层和深层土壤水分含量的模拟结果和同化结果。我们可以清楚地看到通过数据同化，土壤水分含量的估计精度有明显提高。在表层土壤水分含量的同化遥感数据的实验中，两个站点的模拟土壤水分含量明显过大，同化结果更接近于地表实测结果，当遥感观测数据有效时，大多数情况下，数据同化能将曲线拉近地表实测值。对于根层土壤水分含量，两个站点的模拟结果也高估了土壤水分含量，而同化结果明显好一些。不同于对表层和根层土壤水

分含量的改进，同化深层的土壤水分含量并没有太大变化，这可能是由于深层土壤水分含量本身变化就很小，难以受到影响。

从图 9.2 和图 9.3 中我们可以看到，表层模拟结果大于实测土壤水分含量时，同化系统会减少此时表层的土壤水分含量，使其慢慢地靠近表层实地观测的结果，进而，减少土壤水分的信息会通过同化误差矩阵传递到根层，同化系统也会减少根层土壤水分含量的模拟结果，使其接近地面实测值。对于深层土壤水分含量，由于土壤水分含量变化不大，并且模型误差设定相对较小，根层土壤水分含量的变化对其影响很小，因此模拟和同化的结果都很接近深层土壤水分含量的观测值。

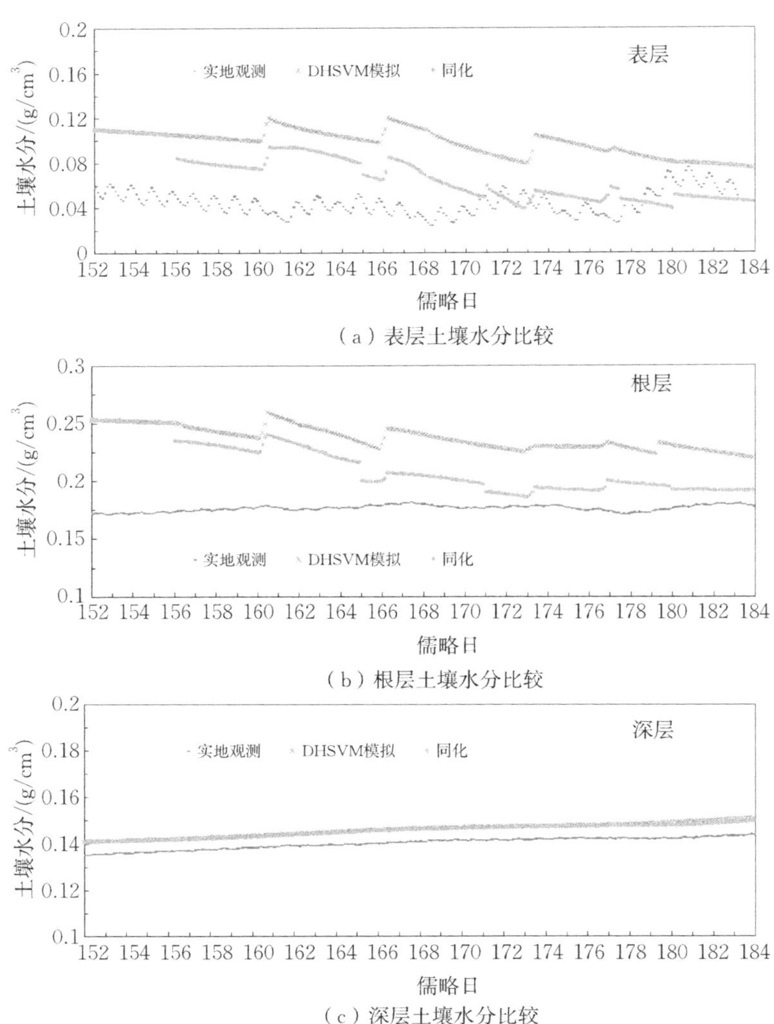

(a) 表层土壤水分比较

(b) 根层土壤水分比较

(c) 深层土壤水分比较

图 9.2 实地测量、DHSVM 模拟和同化结果的比较

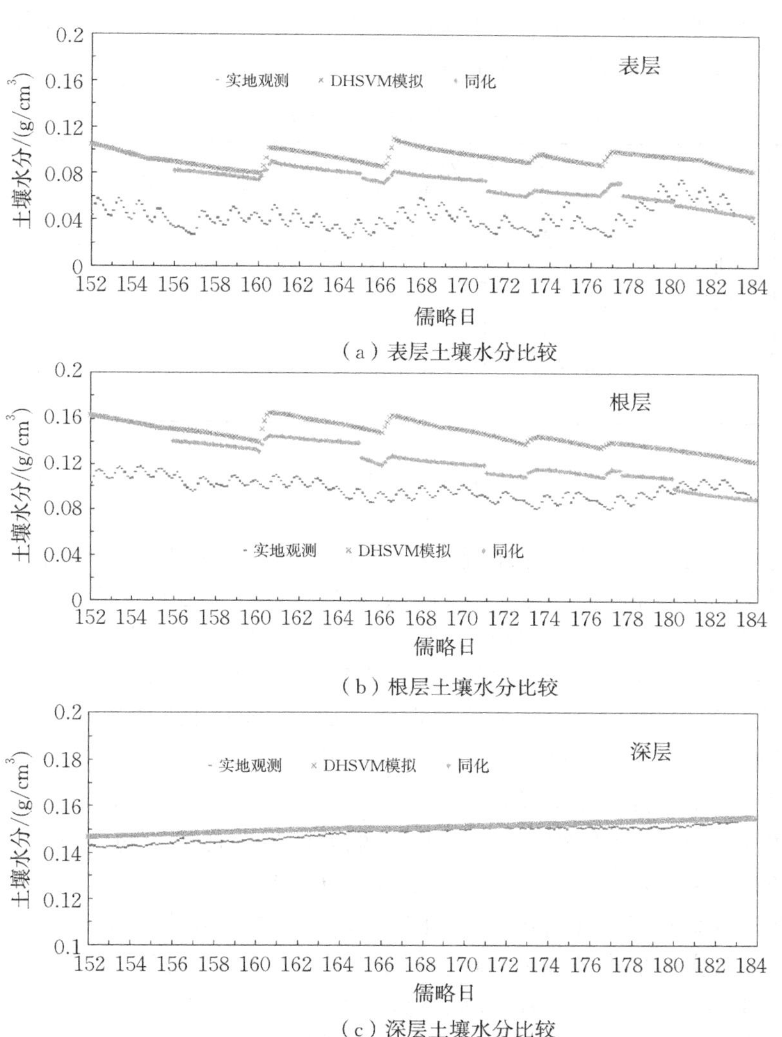

(a) 表层土壤水分比较

(b) 根层土壤水分比较

(c) 深层土壤水分比较

图 9.3　实地测量、DHSVM 模拟和同化结果的比较

为对比模拟结果、同化结果和地表实测数据，我们采用统计学中的均方根误差和平均误差来表达精度(表 9.1)。对于盈科站，表层土壤水分含量模拟的均方根误差和平均误差分别为 0.046 6 和 0.053 4。当同化遥感观测后，均方根误差和平均误差变成 0.024 9 和 0.020 5，分别减小了 0.021 7 和 0.032 9。根层的土壤水分含量，同化结果也有较大的改进，均方根误差和平均误差分别减小了 0.019 3 和 0.025 0。表明本书同化算法是有效的，大幅提高了土壤水分含量的估算精度。同样的，对于临泽站的根层和深层土壤水分含量，同化结果较模拟结果也有较大的改进，表层的均方根误差和平均误差分别减小了 0.015 6 和 0.017 9，根层的均方根

误差和平均误差分别减小了0.018 3和0.019 8。而对于深层土壤水分含量，两个站点的同化与模拟的结果相差都很小。

表9.1 同化与模拟土壤水分含量误差分析

位置		模拟土壤水分含量		同化土壤水分含量	
		均方根误差	平均误差	均方根误差	平均误差
盈科站	表层	0.046 6	0.053 4	0.024 9	0.020 5
	根层	0.052 4	0.051 3	0.033 1	0.026 3
	深层	0.005 8	0.005 7	0.005 4	0.005 3
临泽站	表层	0.051 9	0.050 7	0.036 3	0.032 8
	根层	0.049 8	0.048 5	0.031 5	0.028 7
	深层	0.002 9	0.002 7	0.002 7	0.002 3

9.4 讨论

然而尽管同化后的模型精度提高了，但是土壤水分含量依然被高估了，可能是因为模型模拟的结果一直大于实测的土壤水分含量。同化虽然能将模拟的土壤水分含量和实测的土壤水分含量拉近，但是并不能完全消除模拟值过高的影响。模型模拟值过高可能是由于模型参数（如植被参数和土壤参数）和大气驱动参数（空气湿度、大气温度和大气辐射）的不确定性造成的，如饱和土壤导水率和土壤孔隙度等土壤物理参数在DHSVM的三个土壤层中都设置成同样的值，这种假设可能会对模拟的土壤水分含量造成较大的误差。因此，模型的参数应该依据土壤的特点进行调整，但是受制于实验条件所限，我们并没有获得足够的参数，一些模型参数都用经验参数替代了。地表实测的土壤水分含量在一天中会有一些波动，而在模型模拟时很难看到这种变化，这可能也是由模型参数与大气驱动数据的不确定性造成的。真实的地表环境是物理模型难以精确模拟的，而且随时间变化，远比模型模拟的情况复杂，而本实验的经验参数一般在一段时间中是固定不变的，因此，模型模拟的结果不会像地表实测土壤水分含量那样波动。在图9.4的表层土壤水分含量同化中，有时存在模拟、同化结果和实测数据的趋势相反的情况，模拟和同化结果增大，而实测数据却减小，主要可能是由于DHSVM模拟的误差造成的，包括大气驱动数据和模型参数的误差。另外模型本身存在误差，这种误差会随运行时间积累，会造成模拟结果与实测数据的不一致。

此外，同化结果受到遥感观测的影响也很大。遥感观测主要受到遥感卫星的数据质量和观测算子的影响。因此，为了提高同化的精度，我们一般尽量选择质量好的遥感数据，同时提高观测算子的运算效率和精度。

9.5 结　论

本章研究了将主动微波数据同化到 DHSVM 分布式水文模型的单点同化算法，采用集合卡尔曼滤波作为同化算法。观测算子采用 AIEM 精确描述地表散射状况，我们利用在 2008 年 6 月 1 日至 7 月 2 日获取的研究区地面实测的土壤水分含量对本书同化方案进行了验证，结论如下：

(1)集合卡尔曼滤波能将遥感观测值与水文模型模拟值有效地融合，以获取不同深度土壤层的水分含量估计，同化方法也易于实现。与模型模拟的结果比较，表层和根层同化的土壤水分含量有较大程度的改进，相对平均误差和均方根高度也有明显的降低。但是深层土壤水分含量结果变化不大，同化结果与模拟结果非常接近，这可能是由于土壤深层水分比较稳定，很难受根层土壤水分含量的影响。

(2)整个同化系统涉及的数据较多，例如长时间连续的气象驱动数据、土壤和植被参数等。受实验条件所限，部分参数使用经验参数代替，会给同化结果带来一些误差。因此，期望在今后的研究中获取更多、更可靠的驱动数据和模型参数。

(3)本章是对高分辨率遥感数据在土壤水分含量同化应用中的一次尝试，同化系统虽然在一定程度上提高了土壤水分含量的精度，但是遥感观测数据量偏少，可能会影响到同化结果的可靠性。因此，在今后的研究中应综合利用其他高分辨率传感器的遥感数据，利用尽可能多的多源遥感观测数据对土壤水分含量进行同化，提高同化系统的稳定性和可靠性。

(4)本章对同化主动微波观测估算土壤水分含量的单点同化算法进行了初步研究。在以后的研究中，我们需要在以下两个方面进行深入研究，首先就是将同化的尺度由单点扩展到流域尺度，另一方面就是将本章的同化算法应用到更多不同的地表下垫面区域，尤其针对滑坡、泥石流等地质灾害易发区，综合考虑地形、坡度等对土壤水分的影响，反演区域内的地表土壤水分含量，为滑坡、泥石流灾害的早期预警提供一定的科学和技术支撑。

参考文献

蔡斌，陆文杰，郑新江，1995. 气象卫星条件植被指数监测土壤状况[J]. 国土资源遥感，26(4)：45-50.

陈怀亮，1998. 麦田土壤水分 NOAA/AVHRR 遥感监测方法研究[J]. 遥感技术与应用，13(4)：27-35.

陈维英，肖乾广，1994. 距平植被指数在 1992 年特大干旱监测中的应用[J]. 环境遥感，9(2)：106-112.

陈向宁，2011. 军用光学遥感[M]. 北京：国防工业出版社.

陈云浩，李晓兵，李霞，等，2002. 不同地表覆盖条件下区域水分盈亏的遥感分析——以中国北方为例[J]. 地球科学进展，17(2)：283-288.

邓大松，2010. 无人机雷达载荷发展浅析[J]. 飞航导弹(12)：76-79.

邓孺孺，2002. 青藏高原地表反照率反演及冷热源分析[D]. 北京：中国科学院遥感应用研究所.

付有智，曹玲，2002. 黑河流域气候特征及面雨量分析[J]. 甘肃气象，20(1)：8-10.

郭华东，2000. 雷达对地观测理论与应用[M]. 北京：科学出版社.

郭英，沈彦俊，赵超，2011. 主被动微波遥感在农区土壤水分监测中的应用初探[J]. 中国生态农业学报(5)：1162-1167.

洪志刚，戴尔阜，储美华，2005. 我国西部 1：5 万地形图空白区地物解译研究——以西藏那曲其香错地区为例[J]. 测绘科学，30(6)：77-79.

黄晓东，2009. 西部地表覆盖图初探[J]. 测绘技术装备，10(3)：38-39.

哈斯巴干，马建文，李启青，2003. ASTER 数据的自组织神经网络分类研究[J]. 地球科学进展，18(3)：345-350.

贺少帅，2009. 高分辨率卫星影像快速几何纠正研究[D]. 长沙：中南大学.

金添，2007. 超宽带 SAR 浅埋目标成像与检测的理论和技术研究[D]. 长沙：国防科学技术大学.

金亚秋，1993. 电磁散射和热辐射的遥感理论[M]. 北京：科学出版社.

李德仁，李熙，2015. 论夜光遥感数据挖掘[J]. 测绘学报，44(6)：591-601.

李新，马明国，王建，2008. 黑河流域遥感地面观测同步试验：科学目标与试验方案[J]. 地球科学进展，23(9)：897-914.

李杏朝，1995. 微波遥感监测土壤水分的研究初探[J]. 遥感技术与应用，10(4)：1-8.

李杏朝，1996. 利用遥感资料进行旱情监测的研究[J]. 卫星应用，4(4)：39-43.

李峥，2010. 缺少控制点的无人机遥感影像几何校正技术研究[D]. 成都：电子科技大学.

梁芸，张峰，韩涛，2007. 利用 EOS/MODIS 植被供水指数监测庆阳地区的土壤湿度[J]. 干旱气象，25(1)：44-47.

刘丽，周颖，杨凤，1998. 用遥感植被供水指数监测贵州干旱[J]. 贵州气象，22(6)：17-21.

刘良明，2004. 基于 EOS MODIS 数据的遥感干旱预警模型研究[D]. 武汉：武汉大学.

刘良云，张兵，郑兰芬，2002. 利用温度和植被指数进行地物分类和土壤水分反演[J]. 红外和毫米波学报，21(4)：269-273.

刘培君，张琳，艾里尔·库尔班，1997. 卫星遥感估测土壤水分的一种方法[J]. 遥感学报，1(2)：135-139.

刘伟,施建成,2005.应用极化雷达估算农作物覆盖地区土壤水分相对变化[J].水科学进展,4(16):596-602.

刘伟东,Frédéric Baret,张兵,2004.高光谱遥感土壤湿度信息提取研究[J].土壤学报,41(5):700-706.

刘振华,赵英时,2006.遥感热惯量反演表层土壤水分的方法研究[J].中国科学,36(6):552-558.

马蔼乃,薛舅,1990.黄河流域典型地区遥感动态研究[M].北京:科学出版社.

马媛,2007.新疆土壤湿度的微波反演及应用研究[D].新疆:新疆大学.

毛学森,张永强,沈彦俊,2002.水分胁迫对冬小麦植被指数NDVI影响及其动态变化特征[J].干旱地区农业研究,20(1):69-71.

孟俊贞,2009.克里金插值近似网格算法在栅格图像投影变换中的应用[D].长沙:中南大学.

庞自振,廖静娟,2008.基于遗传算法和雷达后向散射模型的地表参数反演研究[J].遥感技术与应用,23(2):130-141.

普布次仁,1995.归一化植被指数与降水量、土壤湿度的关系[J].气象,21(12):8-12.

齐述华,王长耀,牛铮,2003.利用温度植被旱情指数(TVDI)进行全国旱情监测研究[J].遥感学报,7(5):420-427.

申广荣,田国良,2000.基于GIS的黄淮海平原旱灾遥感监测研究——作物缺水指数模型的实现[J].生态学报,20(2):224-228.

舒宁,2003.微波遥感原理[M].武汉:武汉大学出版社.

宋小宁,赵英时,2006.改进的区域缺水遥感监测方法[J].中国科学地球科学,36(2):199-194.

隋洪智,田国良,1990.热惯量方法监测土壤水分[M].北京:科学出版社.

隋修宝,陈钱,陆红红,2007.热红外图像空间分辨率提高方法研究[J].红外与毫米波学报,26(5):377-380.

孙家抦,2013.遥感原理与应用[M].武汉:武汉大学出版社.

孙瑞静,2010.多角度与多极化主动微波数据反演土壤水分研究[D].北京:中国科学院遥感应用研究所.

孙威,王鹏新,韩丽娟,等,2006.条件植被温度指数干旱监测方法的完善[J].农业工程学报,22(2):22-26.

田国良,杨希华,郑柯,1990.冬小麦旱情遥感监测模型研究[J].遥感学报,7(2):83-90.

王昌左,2004.基于温度-植被指数空间的土壤水分遥感及农业应用研究[D].北京:北京师范大学.

王聪华,2006.无人飞行器低空遥感影像数据处理方法[D].青岛:山东科技大学.

王磊,李震,陈权,2006.植被覆盖地区AMSR2E反演土壤水分算法研究[J].高科技讯,16(2):204-209.

王建明,2005.基于ERS散射计数据的青藏高原土壤水分估算方法研究[D].北京:中国科学院遥感应用研究所.

王鹏,周校,2012.地基SAR干涉测量原理及其形变监测应用研究[J].测绘地理信息,37(4):22-25.

王鹏新,龚健雅,李小文,2001.条件温度植被指数及其在干旱监测中的应用[J].中国农业气象,24(3):412-418.

王雪平,2014.基于稀少控制点的资源三号影像几何纠正研究[D].长沙:中南大学.

王晓云,郭文利,奚文,等,2002.利用“3S”技术进行北京地区土壤水分监测应用技术研究[J].应用气象学报,13(4):422-429.

万鲁河,张茜,陈晓红,2001.哈大齐工业走廊区域开发与生态环境协调发展研究[J].经济地理,31(10):1710-1717.

魏雪云,李景文,徐华平,2010.星载合成孔径雷达影像几何校正[J].系统工程与电子技术,32(7):1422-1425.

辛晓洲,柳钦火,田国良,等,2007.利用土壤水分特征点组分温差假设模拟地表蒸散[J].北京师范大学学报(自然科学版),43(3):221-227.

杨鹤松,王鹏新,孙威,2007.条件植被温度指数在华北平原干旱监测中的应用[J].北京师范大学学报,43(3):314-318.

杨虎,郭华东,王长林,等,2002.基于神经网络方法的极化雷达地表参数反演[J].遥感学报,6(6):451-455.

杨丽萍,杨小华,张存厚,2008.植被供水指数法在内蒙古干旱监测中的应用[J].内蒙古农业科技,(1):58-59.

杨景辉,2015.遥感影像像素级融合通用模型及其并行计算方法[J].测绘学报,44(8):943-953.

翼俊忠,刘椿年,沙志强,2005.贝叶斯网络模型的学习、推理和应用[J].计算机工程与应用,24(3):24-28.

岳天祥,杜正平,刘纪远,2004.高精度曲面建模与误差分析[J].自然科学进展,14(3):300-306.

岳天祥,杜正平,2006.高精度曲面建模与经典模型的比较分析[J].自然科学进展,16(8):986-991.

余凡,赵英时,李海涛,2012.基于遗传BP神经网络的主被动遥感协同反演土壤水分[J].红外与毫米波学报,31(2):283-288.

余凡,2007.FY-2C数据在干旱监测中的应用研究[D].武汉:武汉大学.

余凡,赵英时,沈心一,2010.随机粗糙地表的双尺度微波散射模型研究[J].中国矿业大学学报,39(3):459-464.

余涛,田国良,1997.热惯量法在监测土壤表层水分变化中的研究[J].遥感学报,1(1):24-31.

袁国富,唐登银,罗毅,等,2000.基于冠层温度的作物缺水研究进展[J].地球科学进展,16(1):49-54.

詹志明,秦其明,等,2006.基于NIR-RED光谱特征空间的土壤水分监测新方法[J].地球科学,36(11):1020-1026.

张过,2005.缺少控制点的高分辨率卫星遥感影像几何纠正[D].武汉:武汉大学.

张宏名,1992.微波遥感土壤水分[J].遥感信息(4):7-9.

张可慧,刘芳圆,等,2002.河北省土壤水分遥测研究[J].地理学与国土研究,18(3):101-104.

张静,郭玉芳,2012.地理国情监测中地表覆盖分类体系研究[J].测绘标准化(3):8-10.

张仁华,1991.土壤含水量的热惯量模型及其应用[J].科学通报,36(12):924-927.

张祥,陆必应,宋千,2011.地基SAR差分干涉测量大气扰动误差校正[J].雷达科学与技术,9(6):502-506.

张向前,马霭乃,崔承禹,1986.热惯量成像研究[J].遥感信息,2:17-22.

赵英时,等,2003.遥感应用分析原理与方法[M].北京:科学出版社.

周颜军,王双成,王辉,2003.基于贝叶斯网络的分类器研究[J].东北师大学报(自然科学版),35(2):21-27.

周咏梅,1998.NOAA/AVHRR资料在青海牧区草场旱情监测中的应用[J].应用气象学报,9(4):496-500.

朱大奇,史慧,2006.人工神经网络原理及应用[M].北京:科学出版社.

ABDULKADIR S, IBRAHIM T, CEVDET M, 2007. Wavelet packet neural networks for texture classification[J]. Expert Systems with Applications, 32(2):527-533.

ABDVWASIT G,QIMING Q,ZHIMING Z,2007. Designing of the perpendicular drought index [J]. Environmental Geology,52(22):1045-1052.

AHMAD A, ZHANG S, NICHOLS, 2011. Review and evaluation of remote sensing methods for soil-moisture estimation[J]. SPIE Rev. 2, 028001.

ASPINALL R, 1994. THE design of belief of network-based systems for price forecasting [J]. Computer and Electronic Engineering, 20(1):163-180.

ATTEMA E P W,ULABY F T,1978. Vegetation modeled as a water clond[J]. Radio Science,13(5):357-364.

BACOUR C, BARET F, BEAL D, 2006. Neural network estimation of LAI, fAPAR, fCover and LAI Cab, from top of canopy MERIS reflectance data: Principles and validation[J]. Remote Sensing of Environment, 105(4):313-325.

BARTALIS, 2009. Spaceborne Scatterometers for Change Detection over Land[D]. Vienna: Ph. D. dissertation, Vienna University of Technology.

BARRETT B W, DWYER P, WHELAN, 2009. Soil moisture retrieval from active spaceborne microwave observations: an evaluation of current techniques[J]. Remote Sensing, 1(3): 201-242.

BESAG J, BESAG J, 1986. On the Statistical Analysis of Dirty Pictures[J]. Journal of the Royal Statistical Society B, 48(3):48-259.

BINDLISH R, BARROS A P, 2001. Parameterization of vegetation backscatter in radar-based, soil moisture estimation[J]. Remote Sensing of Environment, 76(1):130-137.

BINDLISH R, BARROS A P, 2000. Multi-frequency soil moisture inversion from SAR measurements using IEM[J]. Remote Sensing of Environment, 71(1):67-88.

BOISVERT J, GWYN Q, CHANZY A, 1997. Effect of surface soil moisture gradients on modelling radar backscattering from bare fields[J]. International Journal of Remote Sensing, 18(1):153-170.

BOWLING L, STORCK P, LETTENMAIER D, 2000. Hydrologic effects of logging in western Washington, United States[J]. Water Resources Research, 36(11):3223-3240.

BROCCA L, MELONE F, MORAMARCO T, et al, 2010. ASCAT soil wetness index validation through in situ and modeled soil moisture data in central Italy[J]. Remote Sensing of

Environment, 114(11):2745-2755.

BROWN M, QUEGAN K, MORRISON, 2003, High resolution measurements of scatterering inwheat canopies implications for crop parameter retrieval[J]. IEEE Transaction on Geoscience and Remote Sensing, 41(7):1602-1610.

BRUBAKER K L, ENTEKHABI D, 1996. Analysis of mechanisms in land-atmosphere interaction[J]. Water Resources Research, 32(5):1343-1357.

BRADLEY G A, ULABY F T, 1981. Aircraft radar response to soil moisture[J]. Remote Sensing of Environment, 1(81):419-438.

BROCCA L, MELONE F, MORAMARCO T, 2010. ASCAT soil wetness index validation through in situ and modeled soil moisture data in central Italy [J]. Remote Sensing of Environment, 114(11):2745-2755.

BROWN G, 1978. Backscattering from a Gaussian distributed perfectly conducting rough surface [J]. IEEE Transaction on Antennas and Propagation, 26(3):472-482.

BROWN S C M, QUEGAN S, MORRISON K, 2003. High-resolution measurements of scattering in wheat canopies-implications for crop parameter retrieval[J]. IEEE Transactions on Geoscience and Remote Sensing, 41(7):1602-1610.

CAMPS V G, GOMEZ C L, MUNOZ M, 2008. Kernel-based framework for multitemporal and multisource remote sensing data classification and change detection[J]. IEEE Transactions on Geoscience and Remote Sensing, 46(6):1822-1835.

CARLSON T N, PERRY E M, SCHMUGGE T J, 1990. Remote estimation of soil moisture availability and fractional vegetation cover for agricultural fields[J]. Agricultural and Forest Meteorology, 52(90):45-69.

CARLSON T N, GILLIES R, PERRY E M, 1994. A method to make use of thermal infrared temperature and NDVI measurements to infer surface soil water content and fractional vegetation cover[J]. Remote Sensing Review, 9:161-173.

CHANG Q L, ZHOU H Q, HOU C J, 2008. Using particle swarm optimization algorithm in an artificial neural network to forecast the strength of paste filling material[J]. J China Univ Min Technol, 18(4):551-555.

CHELLAPPA R, CHATTERJEE S, 1985. Classification of textures using Gaussian Markov random fields[J]. IEEE Transactions on Acoustics, Speech, and Signal Processing, 33(4): 959-963.

CHELLAPPA R, HU Y H, KUNG S Y, 1983. On two-dimensional Markov spectral estimation [J]. IEEE Transactions on Acoustics, Speech, and Signal Processing, 31(4):836-841.

CHEN K S, WU T D, LEUING T, 2003. Emission of rough surfaces calculated by the integral equation method with comparison to Three-Dimensional Moment Method simulations [J]. IEEE Transaction on Geoscience and Remote Sensing, 41(1):90-101.

CHEN K S, WU T, TSAY M, 2000. Note on the multiple scattering in an IEM model[J]. IEEE Transactions on Geoscience and Remote Sensing, 38(1):249-256.

CLARKE T R, 1997. An empirical approach for detecting crop water stress using multispectral airborne sensor[J]. HortTechnology, 7(1):9-16.

COOKMARTIN G P, SAICH S, QUEGAN R, et al, 2000. Modeling microwave interactions with crops and comparison with ERS-2 SAR observations[J]. IEEE Transactions Geoscience and Remote Sensing, 38(11):658-669.

CUO L, LETTENMAIER D P, MATTHEUSSEN B V, 2008. Hydrologic prediction for urban watersheds with the Distributed Hydrology-Soil-Vegetation Model [J]. Hydrological Processes, 22(21):4205-4213.

DAVID M, 2002. Learning equivalence classes of Bayesian-network structures[J]. Machine Learning, 48(2):445-498.

DAVIS D T, CHEN Z, HWANG J, 1995. Solving inverse problems by Bayesian iterative inversion of a forward model with applications to parameter mapping using SMMR remote sensing data[J]. IEEE Transactions on Geoscience and Remote Sensing, 33(5):1182-1193.

DAVIS D T, CHEN Z, TSANG L, 1993. Retrieval of snow parameters by iterative inversion of A Neural Network[J]. IEEE Transactions on Geoscience and Remote Sensing, 31(4): 842-852.

DENTE L Z. VEKERDY J, WEN Z S, 2012. Maqu network for validation of satellite-derived soil moisture products [J]. International Journal of Applied Earth Observation and Geoinformation(17):55-65.

DELWORTH T, MANABE S, 1988. The influence of potential evaporation on the variabilities of simulated soil wetness and climate[J]. Journal of Climatology, 1(5):523-547.

DOBSON M C, ULABY F T, 1995. Active microwave soil moisture research[J]. IEEE Transactions on Geoscience and Remote Sensing, 24(1):23-36.

DUBOIS P C, ZYL J, ENGMAN T, 1985. Measuring soil moisture with imaging radars[J]. IEEE Transactions Geoscience and Remote Sensing, 33(4):915-926.

ENGLAND W, GALANTOWICZ J F, SCHRETTER, 1992. The radiobrightness thermal inertia measure of soil moisture[J]. IEEE Transactions on Geoscience and Remote Sensing, 30(1):23-39.

ENGMAN E T, CHAUHAN N, 1995. Status of microwave soil moisture measurements with remote sensing[J]. Remote Sens. Environ. , 51(1):189-198.

ENTIN J K, ROBOCK A, VINNIKOV K Y, 2000. Temporal and spatial scales of observed soil moisture variations in the extratropics[J]. Journal of Geophysical Research (Atmospheres)(105):11865-11877.

FENG X M, ZHAO Y S, 2007. On multiresolution approach to inversion of remote sensing model with MISR[J]. Science in China, 50(3):422-429.

FRIEDMAN N, 1997. Bayesian network classifiers[J]. Machine Learning, 29(2):131-163.

FUKS I, 1966. Contribution to the theory of radio wave scattering on the perturbed sea surface [J]. Izv Vyssh Ucheb Zaved Radiofiz, 5(3):876-892.

FUNG A K, 1974. Axline R M, Chan H L. Exact scattering from a known randomly rough surface[M]. Switzerland:URSI Commission Press.

FUNG A K, 1992. Backscattering from a randomly rough dielectric surface [J]. IEEE Transactions on Geoscience and Remote Sensing, 30(2):356-369.

FUNG A K, 1994. Microwave scattering and emission models and their applications [M]. Boston: Artech House Inc.

GAO B, 1996. NDWI-a Normalized Difference water index for remote sensing of vegetation liquid water from space[J]. Remote Sensing of Environment,58(3):257-266.

GOETZ S,2000. Multi-sensor analysis of NDVI, surface temperature and biophysical variables at a mixed grassland site[J]. Remot Sensing,18(1):71-94.

HALLIKAINEN M T, ULABY F T, DOBSON M C, 1985. Microwave dielectric behavior of wet soil-part 1: empirical models and experimental observations [J]. IEEE Transactions on Geoscience and Remote Sensing, 23(1):25-34.

HECHT N, 1987. Kolmogorov's mapping neural network existence theorem [C]. London: Proceedings of the International Conference on Neural Networks.

HILLEL D, 1998. Introduction to soil physics[M]. San Diego:Academic Press.

HUANG C H, LI X, LU L, 2008. Experiments of one-dimensional soil moisture ssimilation system based on ensemble Kalman filter[J]. Remote Sensing of Environment. 112:888-900.

HUGHES C G, RAMSEY M S, 2013. A radiometrically-accurate super-resolution approach to thermal infrared image data[J]. International Journal of Image and Data Fusion, 4(1):52-74.

HOLLAND J H, 1975. Adaptation in Natural and Artificial Systems [M]. USA: MIT Press Cambridge.

IDSO S B, SCHMUGGE T J, JACKSON R D, 1975. The utility of surface temperature measurements for the remote sensing of surface soil water status[J]. Journal of Geophysical Research, 80(21):3044-3049.

IRONS J R, WEIMILLER R A, PETERSEN G W, 1989. Soil reflectance in theory and application of optical remote sensing[M]. USA:Wiley-Interscience New York Press.

JACKSON R D, IDSO S B, REGINATO R J, 1981. Canopy temperature as a crop water stress indicator[J]. Water Resources Research, 17(4):1133-1138.

JACKSON R D, 1982. Canopy temperature and crop water stress[J]. Advances in Irrigation, 25 (6):43-85.

JACKSON T J, 2009. Passive microwave remote sensing for land applications [J]. Hebei Chemical Engineering & Industry, 151(2):9-18.

JACKSON T J, COSH M H, BINDLISH R, et al, 2009. Validation of advanced microwave scanning radiometer soil moisture products[J]. IEEE Transactions on Geoscience and Remote Sensing, 48(12):4256-4272.

JACQUEMOUD S, BARET F, ANDRIEU, 1995. Extraction of vegetation biophysical parameters by inversion of the PROSPECT + SAIL models on sugar beet canopy reflectance data application to TM and AVIRIS sensors[J]. Remote sensing of environment, 52(3): 163-172.

JAKSON R D, SLALER PN, PINTER P J, 1983. Discrimination of growth and water stress in wheat by various Vegetation indices through clear and turbid atmosphere[J]. Remote Sensing of Envieonment, 13(83):187-208.

JACQUEMOUD S, BARET F, HANOCQ J F, 1992. Modeling spectral and bidirectional soil reflectance[J]. Remote Sensing of Environment, 41(92):123-132.

KAHLE A B, 1977. A simple thermal model of the Earth's surface for geologic mapping by remote sensing[J]. Journal of Geophysical Research, 82(11):1673-1680.

KARAM M A, FUNG A K, 1983. Scattering from randomly oriented circular discs with application to vegetation[J]. Radio Science, 18(4):557-565.

KARAM M A, FUNG A K, 1992. A microwave scattering model for layered vegetation[J]. IEEE Transactions on Geoscience and Remote Sensing, 30(4):767-784.

KERR Y H, NJOKU E G, 1990. A semiempirical model for interpreting microwave emission from semiarid land surfaces as seen from space[J]. IEEE Transactions on Geoscience and Remote Sensing, 28(3):384-393.

KIM H, SWAIN P, 1990. A method for classification of multisource data using interval-valued probabilities and its application to HIRIS data[J]. Proceedings of Workshop on Multisource Data Integration in Remote Sensing Nasa Conference Publ, 6(1):75-82.

KIMES D, GASTELLU J, ESTEVE P, 2002. Recovery of forest canopy characteristics through inversion of a complex 3D model[J]. Remote Sensing of Environment, 79(2):320-328.

KOGAN F, 1995. Droughts of the late 1980s in the United States as derived from NOAA polar-orbiting satellite data[J]. Bulletin of the American Meteorological Society, 76(95):655-668.

KOGAN F, 1997. Global drought watch from space[J]. Bulletin of the American Meteorological Society, 78(4):621-636.

KOGAN F, l990. Remote sensing of weather impacts on vegetation in non-homogeneous areas [J]. International Journal of Remote Sensing, 11(8):1405-1419.

KOIKE T P, DIRMEYER H, DOLMAN, 1999. Global soil wetness project[M]. New York: Universal Academy Press.

KOSITSKY J, AMAZEEN C A, 2008. Results from a forward-looking GPR mine detection system[J]. Proceedings of SPIE-The International Society for Optical Engineering. 4742(4): 700-711.

LAMBIN E F, EHRLICH D, 1996. The surface temperature-vegetation index space for land cover and land-cover change analysis[J]. International Journal of Remote Sensing, 17(3): 463-487.

LEI J, PETERS A J, 2003. Assessing vegetation response to drought in the northern Great Plains using vegetation and drought indices[J]. Remote Sensing of Environment, 87(3): 85-98.

LI Q, SHI J C, CHEN K S, 2002. Generalized power law spectrum and its applications to the backscattering of soil surfaces based on the integral equation model[J]. IEEE Transactions on Geoscience and Remote Sensing, 40(5):271-280.

LIU H, 2012. A hybrid model for wind speed prediction using empirical mode decomposition and artificial neural networks[J]. Renewable Energy. 48:545-556

LIU W, KOGAN F N, 1996. Monitoring regional drought using the vegetation condition index [J]. International Journal of Remote Sensing, 17(14):276-2782.

MALLAT S G, 1989. A theory of multi-resolution signal decomposition: The wavelet representation[J]. IEEE Transaction on Pattern Analysis and Machine Intelligence, 11(7): 674-693.

MANCINI M R, HOEBEN R, TROCH P, 1999. Multifrequency radar observations of bare surface soil moisture content:A laboratory experiment[J], Water Resources Research, 35(2): 1827-1838.

MCDONALD K C, DOBSON M C, ULABY F T, 1991. Modeling multi-frequency Diurnal Backscatter from A Walnut Orchard [J]. IEEE Transactions on Geoscience and Remote Sensing, 29(12):852-863.

MCVICAR T R, JUPP D, 1992. Linking regional water balance models with remote sensing [C]. Mongolia:Proceedings of the 13th Asian Conference on Remote Sensing.

MIRONOV V L, DEROO R D, SAVIN I V, 2010. Temperature dependable microwave dielectric model for an arctic soil[J]. IEEE Transactions on Geoscience and Remote Sensing, 48(6): 2544-2556.

MORAN M S, HYMER D C, 2000. Soil moisture evaluation using multi-temporal synthetic aperture radar (SAR) in semiarid rangeland[J]. Agricultural and Forest Meteorology, 105 (1):69-80.

MORAN M S, CLARKE T R, INOUE Y, 1994. Estimating crop water deficit using the relation between suface-air temperature and spectral vegetation index [J]. Remote sensing of Environment, 49(3):246-263.

MORLET J, ARENS G, FOURGEAL E, 1982. Wave propagation and sampling theory and complex waves[J]. Geophysics, 47(2):222-236.

NAEIMI V K, SCIPAL Z, BARTALIS S, et al, 2009. An improvement soil moisture retrieval algorithm for ERS and METOP scatterometer observations[J], IEEE Transactions Geoscience and Remote Sensing, 47(7):1999-2013.

NEMANI R R, RUNNING S W, 1989. Estimation of surface resistance to evapotranspiration from NDVI and thermal-IR AVHRR data[J]. Journal of Appl Meteor, 28(4):276-284.

NEWTON R W, Q R BLACK, S MAKANVAND, 1982. Soil Moisture Information and Thermal Microwave Emission[J]. IEEE Transaction Geoscience Remote Sensing, GE-20:275-281.

NIDSON D C, 1990. Scheduling irrigation for soybeans with the Crop Water Stress Index

(CWSI)[J]. Field Crops Research, 23(2):103-116.

NJOKV E G, O'NEILL P E,1982. Multifrequency microwave radiometer measurements of soil moisture[J]. IEEE Trans Geosci Remote Sensing, 220(4):468-475.

NJOKU E G, Jackson T J, 2003. Soil Moisture Retrieval from AMSR-E[J]. IEEE Transactions on Geoscience and Remote Sensing, 41(2):215-229.

OH Y, 1992. An empirical model and inversion technique for radar scattering from bare soil surface[J]. IEEE Trans. Geosci Remote Sensing, 30(2):370-381.

PAN H, 2005. Application of BP neural network based on genetic algorithm[J]. Computer application, 25(12):2777-2779.

PARIS J F, 1986. The effect of leaf size on the microwave backscattering by corn[J]. Remote Sensing of Environment, 19(1):81-95.

PELLARIN J C, CALVET J, WIGNERON J P, 2003. Surface soil moisture retrieval from Lband radiometry: A global regression study[J]. IEEE Transactions on Geoscience and Remote Sensing, 41(9):2037-2051.

POHN, H A, OFFIELD G W, WATSON K, 1974. Thermal inertia mapping from satellites discrimination of geologic units in Ornan[J]. Journal of Researeh US Geologieal Survey, 10(2):147-158.

POOLE C P, 2007. The Physics Handbook: Fundamentals and Key Equations[M]. New Jersey: Wiley.

PRICE J C, 1985. On the analysis of thermal infrared imagery: the limited utility of apparent thermal inertia[J]. Remote Sensing Environment, 18(85):59-73.

PRICE J C, 1982. On the use of satellite data to infer surface fluxes at Meteorological Scales[J], Journal of applied meteorology, 21(8):1111-1122.

PRICE J C, 1977. Thermal inertia mapping: a new view of the earth[J]. GeoPhys. Res, 82(18): 2582-2590.

PRICE J C, 1990. Using spatial context in satellite data to infer regional scale evapotranspiration [J]. IEEE Transactions on Geoscience and Remote Sensing, 28(5):940-948.

PROUT L S. KOGAN F N, 1984. Drought monitoring and corn yield estimation in northern Canada from AVHRR data[J]. Remote Sensing Environment, 63(3):219-232.

ROO D R, YANG D, 2001. A semi-empirical backscattering model at L-band and C-band for a soybean canopy with soil moisture inversion[J]. IEEE Transactions on Geoscience and Remote Sensing, 39(4):864-872.

ROSEMA A, BIJLEVELD J H, 1977. TELL-US, Test of an algorithm for the determination of soil moisture and evaporation from remotely sensed surface temperatures[M]. Delft: E. A. R. S.

SABBURG J M, 1994. Evaluation of an Australian ERS-1 SAR scene pertaining to soil moisture measurement[J]. Proe. 1nt. Geosciences and Remote Sensing Syrup, 11(3):1424-1426.

SANDHOLT I, RASMUSSEN K, ANDERSEN J, 2002. A simple interpretation of the surface temperature/vegetation index space for assessment of surface moisture status[J]. Remote Sensing Environment, 79(23):213-224.

SANO E, 1997. Sensitivity analysis of C- and Ku-band synthetic aperture radar data to soil moisture content in semiarid regions[D]. Tucson:University of Arizona.

SCHMUGGE T J, 1978. Remote sensing of surface soil moisture[J]. Journal of Applied Meteorology, 17(10):1549-1557.

SEMENOY B, 1966. An approximate calculation of scattering of electromagnetic waves from a rough surface[J]. Radiotek Elektron, 11(3):1351-1361.

SHI J C, WANG J, HSU A Y, 1997. Estimation of bare surface soil moisture and surface roughness parameter using L-band SAR image data[J]. IEEE Trans. Geosci. Remote Sensing, 35(5):1254-1266.

SOLBERG A H, JAIN A K, 1994. Multisource classification of remotely sensed data:fusion of landSat TM and SAR images[J]. IEEE Transactions on Geoscience and Remote Sensing, 32(4):766-778.

SOLBERG A H,Torfinn T and Jain A K, 1996. A markov random field model for classification of multisource satellite imagery[J]. IEEE Transactions on Geoscience and Remote Sensing, 34(1):100-113.

STONER E R,BAUMGARDNER M F, 1981. Characteristic variations in reflectance of surface soils[J]. Soil Science Society of America Journal, 45(6):1161-1165.

STRAHLER A, 1996. Physical geopgraphy, science and system of the Human environment[M]. New York:John Wiley & Sons Inc.

SUN G, RANSON K J, 1995. A three-dimensional radar backscattering model of forest canopies[J]. IEEE Transactions on Geosciences and Remote Sensing, 33(2):372-382.

TSANG L, CHEN Z, OH S,MARKS R J, et al, 1992. Inversion of snow parameters from passive remote sensing microwave measurements by a neural network trained with a multiple scattering model[J]. IEEE Transactions on Geoscience and Remote Sensing, 30(5):1015-1024.

TUCKER C J, 1989. Comparing SMMR and AVHRR data for drought monitoring[J]. International Journal of Remote Sensing, 10(10):1663-1672.

ULABY F T, MOORE R K, FUNG A K, 1981. Microwave remote sensing active and passive[M]. Norwood MA:Artech House Press.

ULABY F T, ROBERT L, SHANMUGAN K S, 1982a. Corp Classification using airborne radar and landsat data[J]. IEEE Transactions on Geoscience and Remote Sensing. 20(1):42-51.

ULABY F T, SARAHANDI K, MCDONALD K, 1990. Michigan microwave canopy scattering model[J]. Int J of Remote Sensing, 11(7):1223-1253.

ULABY F T, MOORE R K, FUNG A K, 1982b. Microwave remote sensing. volume Ⅱ:radar remote sensing and surface scattering and emission theory[M]. New York: Addison-Wesley

Publishing Company.

ULABY F T, BATLIVALA P P, DOBSON M C, 1978. Microwave backscatter dependence on surface roughness, soil moisture, and soil texture: I. Bare soil[J]. IEEE Trans. Geosci Remote Sens, 16(4):286-295.

VALENZUELA G R, 1970. The effective reflective reflection coefficients in forward scatter from a dielectric slightly rough surface[J]. Proc IEEE, 58(8):1279-1293.

VERSTRAETEN W W, VEROUSTAETE F, SANDE D F, 2006. Soil moisture retrieval using thermal inertia, determined with visible and thermal space borne data, validated for European forest[J]. Remote Sensing of Environment, 101:299.

VIDAL A, DEVAUX-ROS C, 1995. Evaluating forest fire hazard with a landsat TM derived water stress index[J]. Agricultural and Forest Meteorology, 77(3):207-224.

WAGNER W, 1998. Soil moisture retrieval from ERS scatterometer data, Ph. D. dissertation, Vienna University of Technology, 1998.

WAGNER W, LEMOINE G, ROTT H, 1999a. A method for estimating soil moisture from ERS scatterometer and soil data[J]. Remote Sensing of Environment, 70(12):191-207.

WAGNER W, LEMOINE G, BORGEAUD B, et al, 1999b. A study of vegetation cover effects on ERS scatterometer data[J]. IEEE Transactions Geosci. Remote Sensing, 37(2):938-948.

WAGNER W, LEMOINE G, BORGEAUD B, et al, 1999c. Monitoring soil moisture over the canadian Prairies with the ERS scatterometer[J]. IEEE Transactions Geosci. Remote Sensing, 37(1):206-216.

WAGNER W, SCIPAL K, 2000. Large-Scale soil moisture mapping in Western Africa using the ERS scatterometer[J]. IEEE Transactions Geosci. Remote Sensing, 38(4):1777-1782.

WAGNER W, SCIPAL K. PATHE C, et al, 2003. Evaluation of the agreement between the first global remotely sensed soil moisture data with model and precipitation data[J]. Journal of Geophysical Research-Atmospheres, 108(D19):4611-4612.

WAGNER W, SCIPAL K. PATHE C, 2007. Operational readiness of microwave remote sensing of soil moisture for hydrologic applications[J]. Nordic Hydrology, 38(22):1-20.

WANG C Z, QI J G, SUSAN M, 2004. Soil moisture estimation in a semiarid rangeland using ERS-2 and TM imagery[J]. Remote Sensing of Environment, 90(2):178-289.

WATSON K, ROWEN L C, OFFIELD T W, 1971. Application of thermal modeling in the geologic interpretation of IR image[J]. Remote Sensing of Environment, 21(3):2017-2041.

WATSTON K, POHN H A, 1974. Thermal inertia mapping form satellites discrimination of geologic units in Oman[J]. Res Geol SuVr, 2(2):147-158.

WEMMERT C, PUISSANT A, FORESTIER G, 2009. Multiresolution remote sensing image clustering[J]. IEEE Transactions on Geoscience and Remote Sensing Letters, 6(3):533-537.

WESTERN A W, BLOSCHL G, GRAYSON R B, 1998. Geostatistical characterisation of soil moisture patterns in the tarrawarra catchment[J]. Jounal of Hydrology, 205:20.

WIGNERON J P, KERR Y, CHANZY A, et al, 1993. Inversion of Surface parameters from passive microwave measurements over a soybean field[J]. Remote Sensing of Environment, 46 (93):61-72.

WILLEM W, VERSTRAETEN F V, 2006. Soil moisture retrieval using thermal inertia, determined with visible and thermal space borne data, validated for European forests[J]. Remote Sensing of Environment,101(3):299-314.

WILLIAMS D, WANG C P, LIAO X P, 2007. Classification of unexploded ordnance using incomplete multisensor multiresolution data[J]. IEEE Transactions on Geoscience and Remote Sensing, 47(5):2364-2373.

WOODHOUSE I H, 2006. Introduction to micowave remote sensing[M]. USA:CRC Press.

WRIGHT J W, 1968. A new model for sea clutter[J]. IEEE Transaction on Antennas and Propagation, 16(2):217-223.

WU S T, FUNG A K, 1972. A nocoherent model for microwave emission and backscatter from the surfaces[J]. J Geophys Res, 77(3):5917-5929.

WU T D, CHEN K S, 2004. A reappraisal of the validity of the IEM model for backscattering from rough surface[J]. IEEE Transactions on Geoscience and Remote Sensing, 42(4): 743-753.

WU T D, K S, CHEN J C, SHI, 2001. A transition model for the reflection coefficient in surface scattering[J]. IEEE Transactions on Geoscience and Remote Sensing, 5(9): 2040-2050.

YONHONG J, PHILIP H, 1996. Bayesian contextual classification based on modified M-Estimates and Markov Random Fields[J], IEEE Transactions on Geoscience and Remote Sensing, 34(1):67-75.

YU FAN, ZHAO YINGSHI, 2011. A new semi-empirical model for soil moisture content retrieval by ASAR and TM data in vegetation-covered areas[J]. Sci China EarthSci, 54(12): 1955-1964.

YUEH S H, KONG J A, JAO J K, 1992. Branch model for vegetation[J]. IEEE Transactions on Geoscience and Remote Sensing, 30(16):390-402.

ZRIBI M, DECHAMBRE M, 2002. A new empirical model to retrieve soil moisture and roughness from radar data[J]. Remote Sensing of Environment, 84(1):42-52.